水利工程建设管理与工程设计研究

吴秀英　顾伟　赵秋菊　著

吉林科学技术出版社

图书在版编目（CIP）数据

水利工程建设管理与工程设计研究 / 吴秀英，顾伟，
赵秋菊著. -- 长春 ：吉林科学技术出版社，2023.5
ISBN 978-7-5744-0498-4

Ⅰ. ①水… Ⅱ. ①吴… ②顾… ③赵… Ⅲ. ①水利工程管理一研究②水利工程一设计 Ⅳ. ①TV6②TV222

中国国家版本馆 CIP 数据核字(2023)第 105684 号

水利工程建设管理与工程设计研究

著　　吴秀英　顾　伟　赵秋菊
出 版 人　宛　霞
责任编辑　王　皓
封面设计　正思工作室
制　　版　林忠平
幅面尺寸　185mm×260mm
开　　本　16
字　　数　300 千字
印　　张　13.5
印　　数　1–1500 册
版　　次　2023年5月第1版
印　　次　2024年1月第1次印刷

出　　版　吉林科学技术出版社
发　　行　吉林科学技术出版社
地　　址　长春市福祉大路5788号
邮　　编　130118
发行部电话/传真　0431-81629529 81629530 81629531
81629532 81629533 81629534
储运部电话　0431-86059116
编辑部电话　0431-81629518
印　　刷　廊坊市印艺阁数字科技有限公司

书　　号　ISBN 978-7-5744-0498-4
定　　价　78.00元

前　言

自然水的存在是生命繁衍发展的基础，也是人类文明进步的依靠。但自然界中大量的自然水的存在形式并不完全符合人的生存需要，如强降水造成的洪涝、泥石流，降水过少引起的干旱等自然灾害，给人类文明的进步发展带来严重的阻碍；同时，自然水蕴含的大量能量也常常得不到充分的利用。因此，从人类文明发展早期便出现了大量人工土木工程设施对自然水的存在形式进行控制，这些人工修建的土木工程便是后来逐渐发展起来的水利工程。

目前的水利工程设施已经逐步出现并发展起来了功能不同、形式各异的海堤、大坝、水库、桥梁、泄洪区等等，涉及到水的自然灾害防治以及水资源的开发保护与利用等。水利工程建设在我国现代化进程中占据着举足轻重的作用，以水资源的广泛开发和利用为目的兴建的水利工程在新时期给施工建设单位提出了更高的建设施工管理要求和标准，高难度、高技术含量、大量施工新技术的引入迫使施工单位必须在水利工程建设施工中不断地创新管理思路以便解决施工过程中出现的问题，保证施工建设质量。

本书是一本关于水利工程的专著，主要讲述的是水利工程建设管理以及工程设计。首先本书对水利工程的规划进行讲述；接着对工程设计进行讲述；最后对项目管理展开讲述。通过本书的讲解，希望能够给读者提供一定的参考价值。

编委会

目录

第一章　防洪工程规划与设计

随着我国社会经济的快速发展，以及我国城市化建设的不断加快，为了更充分的利用国内资源，提高国民的生活质量，使得我国水利工程的项目建设也在不断的增加。基于此本章对防洪工程规划与设计展开讲述。

第一节　防洪规划发展

一、防洪与防洪规划

20世纪60年代以后，世界各地先后出现不同规模的洪涝灾害，各国也都依据本国的实际情况主动展开了防洪规划的编制工作，并取得显著成果。而且随着人类社会科学水平的发展与提高，防洪规划工作技术水平日益提高，诸多学者将工程水文学应用于水文分析、洪水分析；将水力学、水工结构学、河流动力学、泥沙运动学等专门技术，应用于河道开发治理；把工程经济学应用于多种规划方案的经济评价与比较分析。并逐步形成了包含调查方法、计算技术、规划方案论证等较完整的近代水利规划的理论体系，为以可持续发展为中心的规划提供了标准和评价方法。

同时1993年密西西比河发生的洪涝灾害，各国均意识到仅仅依靠工程措施没有办法彻底阻挡特大洪水的生成，反而有可能承担更大的损失。洪水灾害频发证明传统防洪理念已经难以处理现状防洪问题，人类必须探索更为合理的、科学的防洪措施和洪水控制方法。于是美国提出的防洪非工程措施成为人们关注的焦点，诸多国家开始结合自身情况利用这种方法抵御洪水。防洪工程措施和非工程措施的结合，使得诸多国家洪水控制的能力有了很大的提高。

有关防洪措施的制定，世界各国大同小异，普遍都是选取工程措施与非工程措施相结合。以工程措施为主，非工程措施为辅，构建完整的防洪体系。其中，工程措施一般是根据流域或区域洪灾的成因和特性选取水库、河道、堤防和分滞洪工程对洪水进行抓蓄、排泄和分滞，也就是通常所说的“上蓄、中疏、下排、适当地滞”的治理方针。非工程措施包括泛洪区的规划管理、洪水预报和警报、加强立法和防洪规划、建立洪水保险及加强水土保持建设等。

我国防洪规划的开展主要经历了以下几个时期：20世纪50、60年代，防洪规划制定和水利工程修建仅针对局部地区或单一目标的兴利除弊为主；70、80年代，科学技术不断提升，形成现代水利科学，并日益成熟，施工水平也得到提高，大规模水利建设面向多目标开发；90年代，开始逐渐重视节约水资源、保护水环境，并制定相关法规、引进现代化管理，综合治理水资源和水环境；进入21世纪后，社会经济的发展导致用水量骤增，部分地区水资源短缺、水环境恶化、水资源受到污染，为了达到可持续发展的需要，提出"人水和谐"的主题。

然而目前制定的防洪规划大都是大江大河的流域防洪规划或者城市防洪规划，对于中小河流区域的防洪规划研究较少，故而有必要对区域防洪规划进行进一步的深入探讨，确保中小河流及其周边地带的防洪安全。虽然世界各国对防洪安全已形成共识，但是由于社会发展状况及经济基础水平的不同，具体措施的制订与施行方式也不相同，但是通过研究各国防洪现状和经验、防洪管理水平的发展、遭遇的问题及发展趋势，对制定区域防洪规划极具现实意义。

二、城市防洪规划研究

城市作为区域的政治、经济、文化中心，必须合理制定防洪规划，确保城市安全。随着社会的繁荣，经济水平的提升，生产力水平的提高，我国城市飞快发展，城市水平也越来越高，导致城市地区人口密集，财富集中。同时城市还是国家和地区的政治、经济、文化的发展中心，及交通枢纽。因此，洪水一旦危害到城市所造成的经济损失要远超过非城镇地区，因此城市防洪一向是防洪的重点。

洪水对城市带来巨大的风险的同时，城市发展也对洪水形成造成一定的影响。城市对洪水造成影响的因素包括：气候因素、自然地理因素和人为因素。以下两方面加重了我国城市洪水灾害：一是城市洪水灾害的承受体急剧增加，洪灾损失不断提升；二是城市化发展过快，导致城市内涝加重；其中城市化发展过快是引发我国城市洪灾加剧的最主要因素。城市"热岛效应"影响降水条件，导致局部暴雨出现频率加大。城市化改变了土地利用方式和规模，改变了流域下垫面条件，加入了不透水面积，减少了土壤水和地下水的补给，导致地表径流加大。同时，城市中管网密布，雨水汇集时间缩短，洪峰流量提高，雨洪径流总量提升。

因此随着我国城市的发展，城市防洪是我国防洪的重点。早在1981年就提出了城市防洪除了每年汛期要做好防汛工作外，特别要从长远考虑，结合江河规划和城市的总体建设，做好城市防洪规划、防洪建设、河道清障和日常管理工作。然而我国城市防洪依旧存在着一连串的问题：城市防洪标准低；防洪工程不配套；防洪技术水平低；防洪管理落后。

而西方发达国家城市防洪工作的发展远超我国，尤其是近几十年来，发达国家特别重视对洪水的控制管理，并采取了一系列的措施：1.加强城市的雨水调蓄能力，例如日本在一些公共场所修建雨水收集装置、贮水池、透水砖等一切可利用的方式，调蓄雨洪，加强雨水利用；2.在工程建设过程中注重工程的施工质量，因此发达国家不一定谋求高标准的防洪建设，但是绝对会追求高质量的工程建设，例如使用浆砌石或大型预制块修砌堤防的护坡，即使发生洪水漫溢现象，也能保证堤防的安全；3.注重提高民众的防洪安全意识，例如美国制定的21世纪防洪战略，即全民防洪减灾战略，就是充分民众的积极性来迎接洪水挑战；4.重视洪水控制方面的科学研究，在美国很多科研机构和政府部门专门从事洪水方面的科学研究，并进行了大量的实际调查研究工作，还定期召开学术会议，取得了杰出的研究成果。

第二节　城市化对洪水的影响

一、城市化及其影响

城市化是指人类生产和生活方式由乡村型向城市型转化的历史过程，表现为乡村人口向城市人口转化以及城市不断发展和完善的过程。从城市地理学的角度分析，城市化也就是城市用地的扩张，同时，城市的文化、生活方式和价值观也传播到农村地区。

城市化是当今社会发展的主流趋势，也是文明进步必然的趋势，还是一个涉及社会经济、政治、文化等多个因素的复杂的人口迁移过程。城市化发展必然出现以下几种情况：城市人口增加，城市人口比重不断提升，农业人口向非农业人口转换；产业结构发生变化，由第一产业逐渐向第二、第三产业转换；居民消费水平不断提高；城市人民的生活方式、价值观及城市文明渗透、传播和影响到农村地区，即城乡一体化；人们的整体素质不断提升。

我国的城市发展与工业发展不协调的过程持续了较长一段的时期。1987年以前，由于非城镇化工业战略和政策的实施，我国城市化很缓慢，表现为城市化不足。1987年以后，随着改革开放和经济持续发展，我国城市进入一个新的发展阶段。我国城市具有以下特点：我国城市构成丰富，甚至拥有世界级超大城市、特大城市；城市分布不均衡，我国一线、二线城市大都分布在中东部地区，只有少量分布在我国西部地区；城市配套设计不完善，人均绿地面积、住房等条件低于世界平均水平，且污染严重。

城市发展象征着人类科学的进步以及改造自然能力的提高。城市发展拓展了人类的生存空间，提高了人类生存的物质条件，同时也改变了物质循环过程和能量转化功能，致使生态环境发生转变。因此，城市化不仅给人类社会带来巨大变化，也对生态环境造成巨大影响，引发人类文明与自然的冲突。例如，人口增加，致使城市资源短缺、交通道路拥挤，交通建设引起尘土飞扬、水土流失及噪声污染等；工业化发展导致工厂林立，造成空气污染、水资源污染、噪声污染等问题加剧。城市人民长期受这些有害污染的影响，导致人们的健康受损，并诱发各种疾病。

二、城市化水文效应

水文效应是指受自然或人为因素的影响，地理环境发生改变，从而引起水循环要素、过程、水文情势发生变化。城市化水文效应是指城市化引起的水文变化及其对环境的干扰或影响，对城市水文效应的研究更加注重城市化发展过程中人类活动对水循环、水量平衡要素及水文情势的影响及反馈。

随着城市高密度、集约化的发展，人口不断集中，土地面积不断增加，土地利用情况发生巨大变化，城市地区建筑物和工厂持续修建，下垫面透水性能降低，河网治理及排水管网系统的完善，造成产汇流过程的变化，影响雨洪径流的形成过程，迫使水文情势发生变化；同时，民众生活质量提升、工厂数目的增长，废气污水随意排放、城市污染严重，造成城市地区水环境发生严重变化。可见在城市化发展过程中，城市对水文的影响日益加重，致使城市化发展可能出现下列水文效应，见表1-1：

表1-1城市化可能出现的水文效应

城市化过程	可能的水文效应
树和植物的清除	蒸散发量和截留量减少；水中悬浮固体及污染物增加，下渗量减少和地下水位降低，雨期径流增加以及基流减少
房屋、街道、下水道建造初期	增洪峰流量和缩短汇流时间
住宅区、商业区和工业区的全面发展	增加不透水面积，减少径流汇流时间，径流总量和洪灾威胁大火增加
建造雨洪排水系统和河道整治	减轻局部洪水泛滥，而洪水汇集可能加重下游的洪水问题

城市化导致人类与自然之间的矛盾加剧，城市的聚集效应及土地利用变化，甚至在某种程度上，引发局部气候变化，扰乱了城市水文生态系统。城市化的水文效应主要表现在以下几个方面：对水量平衡的影响；对水文循环过程的影响，例如城市下垫面条件变化导致的蒸发、降水、径流特征变化；对水环境的影响，例如对城市地表水质、地下水质的影响及对水上流火的影响；对水资源的影响，主要为用水需求量的增加以及由于污染而造成的水的去资源化。

三、城市化对洪水的影响

城市人口、建筑物及工商企业的高度密集，天然地表被住宅、街道、公共设施、工厂等人工建筑取代，致使地表的容蓄水量、透水性、降雨和径流关系都发生明显改变。引发城市典型气候特征热岛效应，继而引发城市“雨岛效应”，致使城市范围内的降雨强度明显大于周围地区，汛期的雷暴雨量也增加。同时下垫面的人为改变及排水系统的完善，降低了调洪能力，提高了汇流速度，汇流系数增加，城市地区汇流过程发生显著变化。这些因素共同作用对洪水产生明显作用。

（一）城市下垫面变化

城市化引起的土地利用/覆盖变化是流域下垫面改变的主要原因，是人类活动改变地表最深刻、最剧烈的过程。土地利用变化包括土地资源的数量、质量的变化，还包括土地利用的空间结构变化及土地利用类型组合方式的变化。换句话说，城市土地利用变化也是城市对自然的改造过程，即自然土地利用变成了人工土地利用。较早之前就有研究结果明确指出：在较短的时间内，影响水文变化的因素，其一是土地利用变化。土地利用/覆盖变化通过影响下垫面的种类，地区蒸散发过程，改变地表径流形成的条件，进而影响水文过程。

（二）城市气候的变化

城市气候是指在同一区域气候的背景上，由于受到城市特殊下垫面和人类活动的强烈影响，在城市地区形成不同于当地区域气候的局部气候。可见城市发展从诸多方面对气候形成产生影响，虽然这种差异还不足以改变区域气候的基本特征，但是对各项气候要素（如气流、温度、能见度、湿度、风和降水等）还是具有一定影响。

城市化导致的地表变化是影响气候形成的重要因素之一，地表与大气接触，二者之间存在着水分、热量及物质之间的交换与平衡；同时地面是空气运动的界面，但是大范围硬化地面取代了自然条件下的地面，致使地面的不透水性、导热性均发生变化。由此可知下垫面变化产生的影响直接反映在城市的气温、湿度、风速等气候因素上。

城市气候的基本特征表现为：

1. 出现城市热岛效应。它是城市地区大量人为热量的释放造成的结果，是城市气候的典型特征之一；以及城市内部高度密集的工业、人口和众多高层建筑物吸收大量太阳辐射，阻碍空气流通，降低风速，导致城市热空气不能及时扩散；同时由于不透水地面和建筑物的覆盖，雨水迅速通过城市排水管网排出，使得城市的蒸发较小，空气湿度较低。故而，热岛效应导致市区温度明显高于其周边地区。

2. 在城市热岛效应的影响下，城市大气层不稳定，形成对流，当空气湿度符合一定条件时，则会形成对流雨；在工业废气、汽车尾气、建筑粉尘的影响下，城市上空的颗粒物质及污染物含量明显提升，为降水提供了大量凝结核，成为降雨的催化剂，增加了降雨概率；同时由于城市建筑林立，阻碍了降水系统的转移，延迟了降雨时间，加大了降雨强度。这种情况也被称为城市"雨岛效应"。

3.由于城市地表渗水性能较差；雨水排水管网系统日益完善，能够迅速排除地表降水；城市绿化相对较少，绿地面积小于郊区，植物水分散发量小；加之热岛效应使城市地区气温偏高，从而致使城市地区的蒸散发量明显低于郊区。

4.在城市生产、生活过程中，大量的废热、有害气体及粉尘的排放，造成大气质量下降，形成雾霾，影响了空气的能见度，并为云雾形成提供了丰富的凝结核。

随着我国城镇数量和规模的急剧扩张，城市化对于气候的作用愈发明显，而且城市占地范围越厂，城市气候就愈发明显。就水文方面来说，地区某些气候特征的变化，如温度、湿度、降水等气候特征，都直接或间接地影响了城市防洪、水污染防治和城市水资源等。

（三）城市对径流形成的影响

城市化发展过程中，对于径流量的影响主要取决于下垫面的变化，而城市地区人为硬化地面的增加，导致城市地区不透水面积增加，下渗能力降低，蓄水能力减弱，汇流速度提高，地表径流量增长，地下水水位下降。由诸多试验结果可知，随着不透水面的增大，涨洪段变陡，洪峰滞时缩短，退水时段减少。也有研究资料表明，天然流域状态下蒸散发量占降水量的40%，下渗量占50%，地表径流量仅占100%。

天然流域和完全城市化流域两种极端情况的比较：天然流域降雨过程中，部分降雨被植物截留后通过蒸散发回到大气中，而未被植物截留的部分则经过填洼、下渗到土壤中，当土壤含水量达到饱和，形成径流，汇入河道，形成的流量过程线比较平缓；而完全城市化流域中，以为填洼和下渗量几乎为零，且受下垫面影响，致使降雨很快形成径流，增大了河流的流量，且形成的流量过程线较为陡峭。

第三节　区域防洪规划

一、防洪规划

洪水作为一种自然水文现象，在人类社会发展过程中是不可避免的，然而洪水所造成的灾害在全球范围内越来越频繁，强度越来越大，造成影响与损失也越来越大。根据调查研究可知，全球各种自然灾害所造成的损失中，洪涝灾害占40%，是自然灾害之首。因此，为了减少洪水发生可能、降低洪灾损失，必须采取一定措施。然而单一的防洪手段与防洪措施，往往只能在一定程度上降低洪水的威胁，且常常顾此失彼，带来各种问题。是以需要对已施行和即将施行的防洪手段和措施制定合理规划，结合地区自然地理条件、洪水特性及洪灾的危害程度等方面，制订和实施总体防洪规划，建立起有效地防洪体系。

防洪规划是指为了防治某一流域、河段或者区域的洪水灾害而制定的总体安排。根据流域或河段的自然特性、流域或区域综合规划对社会经济可持续发展的总体安排，研究提出规划的目标、原则、防洪工程措施的总体部署和防洪非工程措施规划等内容。规划的主要目标是江河流域，其主要研究内容包括：工程措施布置、非工程措施应用、河流总体方案制定、洪水预警系统建立、洪泛区管理及防洪政策与法规的制定等。

防洪规划的类型包括流域防洪规划、河段防洪规划和区域防洪规划。流域防洪规划是以流域为基础，为防治其范围内的洪灾而制定的方案，注重干流左、右岸地区的防洪减灾；区域防洪规划是为了保护区域不受洪水危害而制定的方案，是流域防洪规划的一部分，应服从流域整体防洪规划，并与之相协调，但对于某些重点防护区域，区域防洪规划又具有防洪特点和应对措施，因此区域防洪规划与流域防洪规划有一定关联，也有自身的独立性；而河段防洪规划则是针对规划河段的自然状况及流域发展情况制定的，不同河段状况不同，导致其侧重点不同，由此可知河段防洪规划是流域防洪规划的补充，应服从流域整体规划。

防洪规划作为一项专业水利规划，是水利建设的前期工作。它主要是针对诱发洪灾的原因及未来趋势，根据社会的需求，提出适合的防洪标准，利用先进的计算方法和计算手段，计算防洪保护区的设计洪水位，并结合当地的其他水利规划，制定防洪规划方案，以满足区域的防洪要求，为社会和经济的发展提供保护。因此防洪规划的主要目的可概括为：在充分了解河水流动特性的基础上，合理规划各种防洪措施，提高江河防洪的能力，减少洪水造成的损失。

(一)规划的主要内容

防洪规划的主要内容包括：在调查研究的基础之上，确定其防洪保护对象、治理目标、防洪标准及防洪任务；确定防洪体系的综合布局，包括设计洪水与超标洪水的总体安排及其相对应的防洪措施，划定洪泛区、蓄滞洪区和防洪保护区，规定其使用原则；对已拟定的工程措施进行方案比选，初步选择合适的工程设计特征值；拟定分期实施方案，估算施工所需投资；对环境影响和防洪效益进行评价；编制规划报告等。

(二)规划的目标和原则

防洪规划的目标是根据所在河流的洪水特性、历时洪水灾害，规划范围内国民经济有关部门及社会各方面对防洪的要求及国家或地区政治、经济、技术等条件，考虑需要与可能，研究制定保护对象在规划水平年应达到的防洪标准和减少洪水灾害损失的能力，包括尽可能地防治毁灭性灾害的应急措施。

防洪规划的制定应遵循确保重点、兼顾一般，遵循局部与整体、需要与可能、近期与远景、工程措施与非工程措施、防洪与水资源综合利用相结合的原则。在制定研究具体方案的过程中，要充分考虑洪涝规律和上下游、左右岸的要求，处理好蓄与泄、一般与特殊的关系，并注意国土规划与土地利用规划相协调。

二、区域防洪规划

区域防洪规划是防洪规划的一种类型，本书上文已经提及区域防洪规划应以流域防洪规划的指导，并与之相协调，同时区城防洪规划还应服从区域整体规划。区域整体规划是指在一定地区范围内对整个国民经济建设进行的总体的战略部署。由此可见区城防洪规划自身具有其独特性。

区域作为一个可以独立施展其功能的总体，其自身具有完整的结构。然而以区域为研究对象的防洪规划，其规划区城未必是一个完整的流域，可能只是某个流域一部分，甚至是由多个流域的部分组成，这是区域防洪规划与流域防洪规划最大的不同点。

由此可见在进行区域防洪规划制定时，可以根据区域的自然地理情况，将规划区域划分成多个小区域分别进行防洪规划。例如可以根据区域的地理条件将该区域分为山丘区、平原区分别进行规划，也可以根据区域中河流的数量，将其划分为小流域进行规划。

三、城市防洪规划

城市作为区域的中心，其人口密集，经济发达，一旦发生洪水将造成巨大的损失，故而对于在区城防洪规划中，城市的防洪规划尤为重要。城市防洪规划是以流域规划和城市整体规划为指导，根据城市所在地区的洪水特性，兼顾当地的自然地理条件、城市发展需要和社会经济状况，全面规划、综合治理、统筹兼顾。其主要任务包括：结合当地的自然地理条件、洪水特性、洪灾成因和现有防洪设施，从实际出发，建立必要的水利设施，提高城市的防洪管理能力、防洪水平，确保城市正常工作；当出现超标洪水时，有积极的应对方案，可以保证社会的稳定，保护人民的生命财产安全，把损失降到最低。

城市防洪规划是城市防洪安全的基础，与城市的发展息息相关。因此，城市防洪规划即要提高城市防洪的能力，为可持续发展提供防洪保障；又要与城市水环境密切结合，营造人水和谐共处的环境。因此，城市防洪规划应做到：城市防洪规划与流域、区域防洪规划相辅相成、相互补充；积极调整人水关系，突出“以人为本”的理念；防洪标准要适应防洪形势的变化；城市防洪规划应当是总体规划的一部分，要考虑城市发展的要求；治涝规划要与城市水务相结合；城市防洪规划与城市景观建设相结合，提高城市水环境。

（一）城市防洪规划的原则

城市防洪规划应制定应遵循的原则如下：

1.必须与流域防洪总体规划和区域整体规划为相协调，根据当地洪水特征及影响，结合城市自然地理条件、社会经济状况和城市发展需要，全面规划、综合治理、统筹兼顾、讲究效益。

2.工程措施与非工程措施相结合。工程措施主要为水库、堤防、防洪闸等；而非工程措施则由洪水预报、防洪保险、防汛抢险、洪泛区管理、居民应急撤离计划等。根据不同洪水类型，例如暴雨洪水、风暴潮、山洪、泥石流等，制定防洪措施，构建防洪体系。重要城市制定应对超标洪水的对策，降低洪灾损失。

3.城市防洪是流域防洪的重要组成部分。城市防洪总体规划设计时，特别是堤防的布置，必须与江河上、下游和左、右岸流域防洪设施相协调，处理好城乡结合部不同防洪标准堤防的衔接问题。

4.城市防洪规划是城市总体规划的一部分。防洪工程建设应与城市基础设施、公用工程建设密切配合。各项防洪设施在保证防洪安全的前提下，结合工程使用单位和有关部门的需求，充分发挥防洪设施的多功能作用，提高投资效益。

5.城市内河及左、右岸的土地利用，必须服从防洪规划的要求。涉及城市防洪安全的各项工程建设，例如道路、桥梁、港口码头、取水工程等，其防洪标准不得低于城市的防洪标准；否则，应采取必要的措施，以满足防洪安全要求。

6.注意节约用地。防洪设施选型应因地制宜，就地取材，降低工程造价。

7.应注意保护自然生态环境的平衡。由于城市天然湖泊、洼地、水塘是水环境的一部分，可以保护及美化城市，对其应予以保护。同时保护自然生态环境，可以达到调节城市气候、洪水径流，降低洪灾损失的目的。

（二）城市防洪排涝现状

城市作为国家政治、文化、经济的中心，其安全直接关系着国计民生，因此无论是国家防洪战略还是区域防洪规划都将城市防洪视为重点。然而城市化发展引发城市水文特性的变化，导致洪峰流量和洪水总量的增加，使现有防洪工程承担了巨大的压力；同时，由于城市暴雨径流的增加，现状的排水设施难以满足城市排水的要求，导致近年来诸多城市发生严重内涝，影响人民的生活及社会安定。

（三）城市防洪排涝存在的问题

虽然新中国成立以来国家制定颁布了一系列措施加强城市地区的防洪工作，并取得了一定的成效，但是我国城市防洪工作起步还是相对较晚，防洪水平还是相对较低，防洪技术相对落后，致使防洪工作还是存在着一系列的问题。

1.城市防洪标准低

城市防洪标准整个城市防洪体系应当具备的抵抗洪水的综合能力。城市防洪标准的制定直接关系着城市的安全，对此部分发达国家城市防洪标准制定的相对较高，例如日本常采用的标准能达到100~200年一遇的水平；美国、瑞士常采用的标准能达到100~500年一遇的水平；伦敦和维也纳的标准甚至达到1000年一遇的水平。然而，目前我国防洪标准达到国家规定标准的城市比例为我国现有城市的28%，其中，防洪标准在百年一遇之上的城市比例仅为3%，其余城市现行的防洪标准均低于规定的防洪标准。

2.城市内涝问题突出

城市发展过程中，为了抵御外江洪水的入侵，一些城市在周围修葺了大量堤防，却忽略了城区排水设施的同步建设，导致不少城市的排水标准不足，排水设施老化，排水能力严重不足。然而城市的发展引发城市“热岛效应”与城市“雨岛效应”，导致城市地区暴雨发生的概率和强度增加，排水系统的不完善导致城市内涝日益严重。

城市治涝规划是为了排除城市内涝，保障城市安全所指定的规划，包括治涝标准分析、治涝区划分、排水管网规划、排涝河道治理。排水管网规划一般由城建部门承担，其他三方面由水利部门承担。在我国排水管网系统在设计时所选用的重现期一般为1~3年，重要地区所采用的重现期为3~5年。由此可见城市排水标准远远低于城市防洪标准，这也是城市内部遇到较大强度的降雨时，城市内部积水不能及时排除，城市内部积水严重的原因之一。

同时城市的发展还造成城市内部洪水与涝水难以区分。“洪水”与“涝水”都是由于降雨产生的，“洪水”是客水带来的水位上涨，是暴雨引起的一种自然现象；而“涝水”是指城区内降水来不及排泄而造成的城市部分地区积水的现象。虽然“洪水”与“涝水”的定义非常明确，二者的特性也不相同，但是对于具体地区二者又相互关联，难以区分。

3.规划滞后

目前我国城市防洪规划严重落后，许多城市缺乏完整的防洪规划。同时城市经济水平的差异，导致部分城市在制定防洪规划时不顾及流域防洪整体规划，随意改变防洪标准，加大了下游城市的防洪压力，影响了整个流域的防洪整体规划。同时，我国许多城市的部分防洪工程建设时期较早，建筑物已使用多年并发生老化现象，导致现有的防洪上程基础较差；同时对于防洪建筑物缺乏日常维护与管理，重点工程带病作业，导致容易出现各种险情。

4.防洪治涝技术和管理水平低

构建完整的防洪体系先进的技术和有效地管理手段必不可少，例如洪水预报、预警系统、3S技术（遥感、卫星定位、地理信息系统）对于及时了解洪水水情和灾情，指挥抗洪抢险，减免城市洪涝灾害损失具有重要作用。目前这些新技术在我国还处于起步阶段，导致防洪治涝技术发展和洪水应对机制的建设与管理还比较薄弱，这对城市防洪减灾建设造成了巨大的影响。

第四节　设计洪水

设计洪水是指符合设计标准的洪水，是水利水电工程在建设过程中的依据。设计洪水的确定是否合理，直接影响江河流域的开发治理、工程的等级及安全效益、工程的投资及经济效益，因此设计洪水计算是水利工程中必不可少的一项工作。

设计洪水计算是指水利水电工程设计中所依据的设计标准（由重现期或频率表示）的洪水计算，包括正常运行洪水和非常运行洪水两种情况，设计洪水计算的内容包括推求设计洪峰流量、不同时段的设计洪水总量以及设计洪水过程线三个部分。因此，在工程规划设计阶段，必须考虑流域上下游、工程和保护对象的防洪要求，计算相应的设计洪水，以便进行流域防洪工程规划或确定工程建筑物规模。

一、洪水设计标准

由于洪水是随机事件，即使是同一地区，每次发生的洪水均有一定差别，因此需要为工程设计规划所需的洪水制定一个合理的标准。防洪设计标准是指担任防洪的水工建筑物应具备的防御洪水能力的洪水标准，一般可用相应的重现期或频率来表示，如50年一遇、100年一遇等。我国目前常用的设计标准为以下两种形式：正常运行洪水也称频率洪水，通过洪水的重现期（频率）表示，是诸多水利工程进行防洪安全设计时所选用的洪水；非常运行洪水即最大可能洪水，使用具有严格限制，通常在水利工程一旦失事将对下游造成非常严重的灾难时使用，将其作为一级建筑物非常运用时期的洪水标准。

防洪标准作为水利工程规划设计的依据。如果洪水标准定得过大，则会造成工程规模与投资运行费用过高而不经济，但项目却比较安全，防洪效益大；反之，如果洪水标准设得太低，虽然项目的规模与投资运行成本降低，但是风险增加，防洪效益减小。根据设计原则，通过最经济合理的手段，确保设计项目的安全性、适用性和耐久性的满足需求。因此，采用多大的洪水作为设计依据，关系着工程造价与防洪效益，最合理的方法是在分析水工建筑物防洪安全风险、防洪效益、失事后果及工程投资等关系的基础之上，综合分析经济效益，考虑事故发生造成的人员伤亡、社会影响及环境影响等因素选择加以确定。

二、设计洪水的计算方法

(一)由流量资料推求设计洪水

应用数理统计的方法,由流量资料推求设计洪水的洪峰流量及不同时间段的洪量,称为洪水频率计算。根据规定,对于大中型水利工程应尽可能采用流量资料进行洪水计算。由流量资料推求设计洪水主要包括洪水三要素:设计洪峰流量、设计时段洪量和设计洪水过程线。

1.资料审查与选样

由流量资料推求设计洪水一般要求工程所在地或上下游有30年以上实测流量资料,并对流量资料的可靠性、一致性和代表性进行审查。可靠性审查就是要鉴定资料的可靠程度,侧重点在于检查资料观测不足或者整理编制水平不足的年份,以及对洪水较大的年份,通过多方面的分析论证确定其是否满足计算需求。一致性审查是为了确保洪水在一致的情况下形成,若有人类活动影响,例如兴建水工建筑物,进行河道整治等对天然流域影响较为明显的情况,应当进行还原计算,确保从天然流域得到洪水资料。资料的代表性审查是指检验样本资料的统计特性能否真实地反映整体特征、代表整体分布。但是洪水的整体是无法确定的,所以通常来说,资料统计时间越长,且包括出现大、中、小各种洪水年份,其代表性越好。

选样是指从每年的全部洪水过程中,选取特征值组成频率计算的样本系列作为分析对象,以及如何从持续的实测洪水过程线上选取这些特征值。选样常用的方法有:年最大值法(AM)和非年最大值法(AE)。

2.资料插补延长及特大洪水的处理

如果实测流量系列资料较短或有年份缺失,则应当对资料进行插补延长。其方法有:当设计断面的上下游站有较长记录,且设计站和参证站流域面积差不多,下垫面情况类似时,可以考虑直接移用;或者利用本站同邻近站的同一次洪水的洪峰流量和洪水量的相关关系进行插补延长。

特大洪水要比资料中的常见洪水大得多,可能通过实测资料得到,也可能通过实地调查或从文献中考证而获得(也称历史洪水)。由于目前我国河流的实测资料系列还较短,因此根据实测资料来推求百年一遇或千年一遇等稀有洪水时,难免会有较大的误差。通过历史文献资料和调查历史洪水来确定历史上发生过的特大洪水,就可以把样本资料系列的年数增加到调查期限的长度,增加资料样本的代表性。但是这样得到的流量系列资料是不连续的,故一般用来计算洪水频率的方法不能用于该系列,因此对有特大洪水的系列需要进行进一步研究处理。对于有特大洪水的流量资料系列,往往采取特大洪水和常见洪水的经验频率分开计算的方法。目前常用的方法有两种:独立样本法和统一样本法。

3. 洪水频率计算

根据规范规定“频率曲线线型一般采用皮尔逊Ⅲ型。特殊情况，经分析论证后也可以采用其他线型”。选定合适的频率曲线线型后，可通过矩法、概率权重矩法或权函数法估计参数的初始值，利用数学期望公式计算经验频率。将洪峰值对应其经验频率绘制在频率格纸上，描出频率曲线，调整统计参数，直到曲线与点拟合完好。然后根据频率曲线，求出设计频率对应的洪峰流量和各统计时段的设计洪水量。关于求得的结果的合理性检验，可利用各统计参数之间的关系和地理分布规律，通过分析比较其结果，避免各种原因造成的差错。

4. 设计洪水过程线的拟定

在水利水电工程规划设计过程中为了确定规模等级，大都要求推求设计洪水过程线。所谓设计洪水过程线是指相应于某一设计标准（设计频率）的洪水过程线。由于洪水过程线是极为复杂且随机的，根据目前技术难以直接得到某一频率的洪水过程线，通常选择一个典型过程线加以放大，使得放大后的洪水过程线中的特征值，如洪峰流量、洪峰历时、控制时段的洪量、洪水总量等，与相对应的设计值相同，即可认为该过程线即为“设计洪水过程线”。目前常用的为同倍比放大法、同频率放大法或分时段同频率放大法。

（二）由暴雨资料推求设计洪水

由暴雨资料推求设计洪水，主要应用于无实测流量资料或实测流量资料不足，而有实测降雨资料的地区。由于我国雨量观测点较多，分布相对较为均匀，降雨资料的观测年限较长，且降雨受流域下垫面变化影响相对较小，基本不存在降雨资料不一致的情况，因此利用暴雨推求设计洪水的例子在实际工程中比较常见。同时对于重要的水利工程，有时为了进一步论证由流量资料推求的设计洪水是否符合要求，也需要由暴雨资料推求设计洪水，加以校核。

尽管我国绝大部分地区的洪水是由暴雨引起的，但是洪水形成的主要因素不仅与暴雨强度有关，还与时空分布、前期影响雨量、下垫面条件等密切相关。为了工作简便，在推导过程之中，采用暴雨与洪水同频率假定。

1. 设计暴雨的推求

设计暴雨是指工程所在断面以上流域的与设计洪水同频率的面暴雨，包含不同时段的设计面暴雨深（设计面暴雨量）和设计面暴雨过程两个方面。

估算设计暴雨量的方法常用的有两种：(1)当流域上雨量站较多，且分布均匀，各站都有一长时间的实测数据时，可在实测降雨数据中直接使用所需统计时段的最大面雨量，进行频率计算，得到设计面雨量，该方法也叫设计暴雨量计算的直接方法；(2)当流域上雨量站数量较少，分布不均，或者观测时间短，同时段实测数据较少时，可以使用流域中心代表站实测的各时段的设计暴雨量，利用点面关系，把流域中心的点雨量转化为相对应时段的面暴雨量，该方法即为设计暴雨计算的间接方法。

2.产汇流分析

降雨扣除截留、填洼、下渗、蒸发等损失后，剩下的部分即为净雨，关于净雨的计算即为产流计算。产流计算的目的是通过设计暴雨推求出设计净雨，常用的方法有降雨径流相关法、初损法、平均损失率法、初损后损法或流域水文模型。

净雨沿着地面或地下汇入河流，后经由河道调蓄，汇集到流域出口的过程即为汇流过程，对于整个流域汇流过程的计算即为汇流计算。流域汇流计算常用的有经验单位线、瞬时单位线和推理公式等，河道汇流计算主要有马斯京根法、汇流曲线法等。

产汇流计算是以实际降雨资料为依据，分析产汇流规律，然后根据设计需求，由设计暴雨推求设计洪水。

（三）其他方法推求设计洪水

也可以通过最大可能暴雨推求最大可能洪水，其计算方法与利用暴雨推求洪水的方法基本相同，采取同频率假定，认为最大可能洪水（PMF）是由最大可能暴雨（PMP）经过产汇流计算后得到的。目前计算最大可能暴雨时一般针对设计特定工程的集水面积直接推求，包括暴雨移置法、统计估算法、典型暴雨放大法及暴雨组合法。

在我国中小流程推求设计洪水过程中，如果缺少必要的资料时，往往通过查取当地暴雨洪水图集或水文计算手册，得出设计暴雨量后检验暴雨点面关系、降雨径流关系和汇流参数，对于部分地区还要经过实测大洪水检验，其计算结果实用性较强。然后通过降雨径流关系进行产流计算；通过单位线法、推理公式法或地区经验公式法等，进行汇流计算。

第五节　建筑物防洪防涝设计

一、建筑物防涝的内涵

洪涝，指的是持续降雨、大雨或者是暴雨使得低洼地区出现渍水、淹没的现象。对于建筑物来讲，洪涝会对建筑物造成一定的影响或破坏，危及建筑物的安全功能。对于建筑物来说，防洪的主要目的是减少和消除洪灾，并且能够适合各种建筑物。建筑物防洪主要包括建筑物加高、防淹、防渗、加固、修建防洪墙、设置围堤等。

二、洪涝对建筑物的破坏形式

（一）洪水冲刷

洪水对建筑物造成的最严重的破坏是直接冲刷，水流具有巨大的能量，并且将这些能量作用在建筑物上面，导致构件强度不高、整体性差的建筑物就很容易倒塌。有些建筑物虽然具有比较坚固的上部结构，但是如果地基遭受到冲刷，就会破坏上部结构。

(二)洪水浸泡

1.地基土积水

洪涝灾害使得地表具有大量的积水，导致地下水位上升，但是有些地基土对水的作用比较敏感，含水量不同就会导致其发生很大的变性，使得基础位移，破坏建筑物，导致地坪变形、开裂。

2.建筑材料浸泡

由于洪涝灾害引起的地表积水中会包含各种化学成分，当某一种或者是多种化学成分含量过多的时候，就会腐蚀钢材、可溶性石料以及混凝土，破坏结构材料。

3.退水效应

洪水退水以后，地表水就会进入到湖、渠、洼、河，使地下水位下降，建筑物地基土在经过水的浸泡之后又经过阳光的照射，土体结构就会发生变化，土层中的应力就会重新进行分布，就会引起不均匀沉降使得上部结构倾斜，最终致使结构构件发生开裂，将这种现象称为“洪水退水效应”。

总而言之，洪水对于建筑物造成的破坏主要包括洪水引起的伴生破坏、缓慢的剥蚀、侵蚀破坏、急剧发生的动力破坏。在不用的建筑结构形式、不同的外界环境以及不同的地区，破坏也会明显不同。

三、具体建筑物实验概况

以洪水对某村镇住宅的破坏机理为例子：洪水破坏村镇住宅建筑物的作用力主要有水流的浸入力、水流的静压力、水流的动水压力。这三种作用力是相互作用的，力作用的次序与出现的时间也是有差别的。在洪水暴发初期，主要是水流的静水压力与洪水的动水压力，这个时候村镇住宅建筑物再迎水面上所经受的压力值是最大的，有的时候甚至是能够达到两者之和。对于建筑等级较低或者是脆性材料的村镇住宅建筑物，就会因为强度不足不能够承受这种作用力而遭到破坏。当村镇住宅建筑物内部继续进水，洪水静水压力就会逐渐变弱，这个时候的作用力主要是洪水的动水压力。

四、建筑物防洪防涝设计内容

1.场地选择

在建设建筑物的时候最重要的环节就是选址。为了能够使建筑物能够经得起洪水的考验，保证建筑物的安全，选址的时候应该避免旧的溃口以及大堤险情高发区段，避免建筑物直接受到洪水的冲击。具有防洪围护设施(如围垸子堤、防浪林等)地势比较高的地方可以优先作为建筑物用地。对建筑物进行选址的时候应该在可靠的工程地质勘查和水文地质的基础上进行,如果没有精确的基础数据就很难形成正确完善的设计方案。建筑物进行选择的时候要用到的基础数据主要包含地质埋藏条件、地表径流系数、地形、降水量、地貌、多年洪水位等。在这里需要明确指出的是,拟建建筑应该选择建在不容易发生泥石流和滑坡的地段,并且要避开不稳定土坡下方与孤立山。此外,由于膨胀土地基对没入的水是比较敏感的,通常不作为建筑场地。

2.基础方案

要采取有利于防洪的基础方案。房屋在建设的时候要建在沉降稳定的老土上,比较适合采取深基的方式。比如采取桩基,能够增强房屋的抗冲击、抗倾性以确保抗洪安全。在防洪区不适合采用砂桩、石灰等复合地基。在对多层房屋基础进行浅埋时,应该注意加强基础的整体性和刚性,比如可以采用加设地圈梁片筏基础等方式。在许多房屋建设过程中,采用的是新填土夯实,没有沉降稳定的地基,这对房屋上部的抗洪是极其不利的。

3.上部结构

在防洪设计中要增强上部结构的稳定性与整体性。对于多层砌体房屋建造圈梁和构造桩是十分有必要的。有些房屋建筑,在楼面处没有设置圈梁,而是采用水泥砂浆砌筑的水平砖带进行代替,这种做法是错误的。还有的房屋,只是采用粘土作砌筑砂浆,导致砌体连接强度比较低,不能够经受住水的浸泡,使得房屋的整体性比较差,抗洪能力也比较低,对于这些应进行改正。

4.建筑材料

具有耐浸泡、防蚀性能好、防水性能好等特性的建筑材料对于防洪防涝是非常有利的。此外,砖砌体应该加入饰面材料,这样可以保护墙面,减少洪水的剥蚀、侵蚀。在施工的时候选择耐浸泡、防水性能好的建筑材料对于抗洪是十分有利的。混凝土具备良好的防水性能,是建造防洪防涝建筑物的首先材料。砖砌体应该加入防护面层,如果采用的是清水墙,就必须采用必备的防水措施。在洪水多发地区过去的时候多运用的是木框架结构,现在几乎已经逐渐被混凝土和砖结构所取代,如果采取木框架结构,首先应该对木材进行防腐处理。

第六节　农村地区防洪工程的设计方案探究

各个地区的工程项目在建设过程中,都必须要考虑防洪工程的设计,这样可将工程损伤降到最低,尤其在农村地区的防洪工程项目的建设过程中,将起到关键性的作用,因此,工程项目建设人员在设计工程建设方案时,做好防洪工程方案的设计工作,对整个工程项目建工之后的运行非常重要。

一、农村地区防洪工程设计中存在的问题

（一）防洪工程建设流程不够合理

农村地区的临时性防洪工程大部分是当地农民修建，农民仅按照洪水具体来向进行筑堤，尽管能起到相应的防洪作用，但未进行统一、合理地规划，使工程防洪标准偏低，从而影响农民居住安全。例如，农村地区山洪沟的两岸主要由水泥砌石的挡墙、丁坝、铅丝石笼等进行防洪筑堤，其中，在沟口处的水泥砌石的挡墙有125m，左右岸都有，目前已渐渐开裂，而当前形成规模堤防是2500mn，是当地居民作为应急修建，主要选取在第四系洪冲积卵的砾石地层上部，其抗冲性很差，受到冲刷之后易使坡面、堤身发生倒塌，最终使堤失去稳定性，且大多数筑堤的抗洪作用非常小。

（二）防洪工程设计时对信息处理不全面

在农村地区防洪抗旱中，离不开对信息的采集以及分析，这其中就包括了对汛期河道水位的监测、雨水信息评估、旱汛期的监察以及抗灾物资需求的分析等，这些多样化数据的需求，在目前所具备的信息处理能力中还难以做到有效分析，从而使得应对灾情时难以采取有效的应对措施，除此之外，在信息采集方面的配套设施也需要进一步地提升，当前已具有的信息化能力难以做到有效地处理这些信息的能力，主要表现在应对防汛的前期工作中，由于缺乏比较全面的数据信息分析，这使得应对洪水灾害的能力受到极大的制约。

（三）防洪工程外部环境影响以及制约

农村地区防洪工程难免会受到自然因素的影响，例如，当地地质状况、施工现场环境等不良因素制约，自然环境主要是就是指施工时的天气原因，遇到冰雪、雷电、暴风雨等突发的天气状况影响施工质量，所以，有的施工方为了赶上施工进度，在规定的时间内顺利完成施工，所以就会忽视天气原因以及当地环境等客观因素对施工造成的不良影响，还有当地的水文状况、地质勘探等因素，都会严重导致水利施工的顺利进行。

（四）防洪工程现场施工材料管理水平低

农村地区防洪工程管理过程中，现场材料的管理是一个非常重要的环节，如果材料的管理不妥，就会增加施工的难度，也会给整个施工过程造成很大的问题。现场施工材料的管理主要是针对材料的选择以及材料的采购、材料的使用等一系列问题进行分类、分项进行科学处理。针对整个施工项目而言，材料合格、存放有序、供应及时是保证施工质量的重要前提，因此，防洪工程建设的现场管理中，对建筑材料的管理必不可少。与此同时，施工管理人员的管理方法对工程也会产生一定的影响，如果现场管理人员采用科学的管理方法就能为工程施工建设节省施工材料，降低施工成本，

反之，则会导致施工材料浪费，拖延施工周期。

二、提升农村地区防洪设计水平的措施

（一）选择合适的防洪工程选址

农村地区防洪工程设计时，在选址方面防洪工程需和流域内的防洪规划较好地协调，通过在新构建的防洪工程中，把洪水归顺于南北走向山洪沟中，通过山洪沟直接泄至下游的滞洪区，最终汇入总排干沟，具体包括下述几个方面：

首先，在选址方面，所治理的工程需上游、下游及左右岸完全兼顾，且在充分满足洪水行洪要求的基础上，尽可能使用已经存在的工程项目防洪对策，并综合考虑地貌、地形等条件，尽量做到少拆迁、少占地，缩小工程量，同时根据当地的实际状况和地勘定时报告。虽然当前的防洪堤起到相应的防洪作用，但修建时仅仅用于应急，这就使受冲刷之后的堤身、坡面存在不稳定情况。为此，此次防洪工程设计主要对当前的防洪堤进行清理，同时在原有堤线的基础上修建新的建防洪堤，不会占用新土地。

其次，设计人员在布置沟道走向时，需和水流的流态要求相符，且行洪的宽度需布置合理，堤线需和河道的大洪水主流线保持在水平的状态，两岸上、下游的堤距需相互协调，不可突然地放大或是缩小。堤线需保持平顺，不同堤线应平缓地连接，且确保防洪沟弯曲段，选用相对大的弯曲半径，以免急转弯、折线。例如，山洪沟河道较为显著，且天然河道宽在2m~14m，河槽的深度为0.5~1.0m，当雨季的水量很小的时候，以天然河槽的流水为主，而一旦发生洪水，则会在沟口区顺洪积扇地形逐渐漫散，如果农民按照洪水的来向临时筑堤，则会影响整个工程的防洪质量。

最后，设计人员在考虑防洪工程的任务时，需充分了解当地工程建设情况，以便不会影响当地的引洪淤灌任务。按照当前河道、堤防的布置状况，当地农民在建设土堤时，若遭遇小洪水下泄，需将一部分洪水直接引到农田灌溉，对此，此次防洪工程设计时，应将农民灌溉需求充分考虑在内。

（二）合理设计防洪堤工程

在设计防洪工程堤防工程的过程中，需选择合适的防洪堤筑堤材料，通常情况下，主要以浆砌石堤、土堤、混凝土等填筑混合材料开展各项施工。主要表现为：土堤的施工过程较为简单，且造价相对低，但是堤身变形很大，且抗冲能力非常差；浆砌石堤的结构相对简单，其抗冲的能力很好，同时耐久性也很强，应用起来整体性、防渗性能非常好；混凝土堤的耐久性、抗冲性能非常好，但是施工过程较为复杂，且工程造成相对高，需要较长的时间才能完成施工。例如，在对堤体填筑结构及护坡结构进行设计时，如果防洪工程开挖料主要是冲洪积粉土，因此，材质无法满足工程结构布设要求，采用石渣料回填堤体并现场试验确定分层厚度，然后分层回填碾压。具体而言，堤体密度≥0.6，石渣料干密度≥20.5kN/m^3。在此过程中，采用C20砼框格+干砌块石及

C20砼框格+撒播草籽对堤段斜坡坡面进行护坡设计。堤身及基础结构设计时，必须进行稳定性计算分析，从地质勘查结果来看，该防洪工程基岩埋置较深，因此采用碾压块石料置换重力式及衡重式挡墙基础，置换厚度分别为2~3m.3~4m。

（三）做好防洪地区防洪堤工程施工质量监管

在农村地区防洪堤工程施工质量管理中，施工管理人员要身负使命，本着对农村地区经济社会发展的原则对防洪堤的施工过程严格管理，确保责任落实到位，并在一定时期内多对施工管理人员、施工相关责任人做业务培训，全面执行和落实相关的安全责任。而且，在安全生产管理中，管理人员对防洪堤工程责任招标做出规范性处理，审计人员要监督施工期限与合同竣工时间是否一致，签订补充合同有无备案，项目条款语言应该规范、概念界定清晰严谨。

（四）提升防洪抗旱技术的处理能力

由于信息技术可以在防洪抗旱中发挥十分重要的作用，因此需要加以开发信息技术的多层次性，满足防洪抗旱中各种信息的处理能力，下面通过分析防洪抗旱的指挥系统，以提升信息技术的处理能力为例，说明信息技术所带来的积极作用。在防洪抗旱中，指挥系统是一个关键性的部分，因此需要在信息采集、通信网络、数据统计等方面加强建设工作。一方面需要提升某省各个地区中的不同部门所管理的水流情况，然后通过分析这些信息，使得各个单位都能够有针对性的灾情应对以及做出处理方案；另一方面是再进一步升级现有的技术系统，弥补已经存在的问题，从而达到有效提升防洪抗旱的能力，此外，在有条件的地区可以加快研发新型技术以及防洪抗旱的产品，对于没有及时处理的灾情可以通过这些产品而达到减少人们生命财产受到损害的目的。此外，防洪堤工程施工等大型水利工程易受自然条件约束，投资建设周期长，风险施工难度大，时间滞后等现实问题制约使水利工程项目的有效管理加大了难度。管控人员必须保证水利工程实施的科学性，因此全过程跟踪审计尤为重要，它能从源头上规避防洪堤水利工程项目实施中的恶性腐败问题，有效提高了投资管理方的综合效益。

第七节　平原或海滨地区的设计项目

本节以林州市防洪体系为例进行讲述。

一、概述

林州市地处山区，太行山东麓，群山斜列，峰峦叠嶂，沟壑纵横，总趋势为西高东低。全市有大小山头7658个，冲沟7845条。林州市处于暖温带半湿润大陆性季风气候区，受特殊的地形地貌影响，构成了独特的山区气候特征，暴雨过于集中，坡陡流急，洪水肆虐。降雨时空分布不均匀，洪水过后，又容易出现干旱缺水。

二、现状防洪体系

1.水库现状

已完成对现有中(除马家岩水库外)小型水库的除险加固，经除险加固后的水库目前运行状况良好。

2.河道现状

大部分河道自然状态良好，部分较大的河流河床为砂卵石河床，砂石料比较丰富，部分河道出现乱挖乱采现象，废弃料随意堆放，河底坑洼不平，局部阻水严重，给河道防洪带来较大的压力；河道内的建筑物阻水比较严重，由于耕地缺少致使河道沿岸部分村庄房屋建设中严重挤压河道行洪断面以及小桥涵等严重阻碍行洪。

3.水土流失治理情况

林州市总面积2046km²，其中水土流失面积1800km²，占总面积的88%。截止2018年底，已治理水土流失面积1500km²，占水土流失面积的83.3%。已完成洹河小流域、淅河小流域、凤凰山小流域等小流域综合治理8条，正在实施的有露水河小流域、淇河小流域的综合治理工作。经综合治理后，水土流失治理度可达99%，森林覆盖率从28.5%提高到64.5%，林草面积占宜林宜草面积的85%。

4.防汛指挥系统

林州市防汛及监测预警系统包括防汛抗旱指挥系统和山洪灾害监测预警及防御系统。目前，实现了各应用系统的集中管理。系统包括信息采集、通信与计算机网络、业务应用系统和基础设施等。

三、防洪体系存在问题

1.林州市缺乏专项防洪规划

林州市缺乏专项防洪规划，原有中小型水库均是根据现场地形及当地需求等条件建设，河道均为天然冲积形成。没有根据林州市整体防洪特点对其进行总体布局规划。

2.水库工程

现有水库汛限水位与溢洪道底高程齐平，溢洪道为敞泄方式，没有调蓄洪水的库容，拦蓄洪水量较少。洪水超过溢洪道后对下游河道造成严重的洪涝灾害；在洪水量较大的河道上，缺少水库拦蓄洪水，对河道下游造成很大防洪压力。

3.河道工程

河道缺乏专项防洪规划：由于未进行专项防洪规划，没有制定防洪标准，同时未对设计洪水的过流断面进行界定，河道的管理及保护范围不明，造成在村庄内或者村庄边的河道被房屋挤压占用的现象，给河道防洪造成很大的压力。

河道防洪标准偏低：由于河道防洪标准偏低，河道断面狭窄、行洪能力不足，有的地方形成了卡口工程，给河道行洪造成很大的压力。

河道内乱挖乱采，局部阻水严重：大部分河床由砂卵石覆盖，砂石料储藏丰富，随着建筑市场进一步开发，在利益的驱动下，造成河道乱挖乱采，废弃料随意堆放，河底坑洼不平，满目疮痍，给河道行洪及生态环境带来很大的影响。

河道交叉建筑物阻水严重：绝大部分为季节性河流，近年来为改善生态，建造水清岸绿的宜居城市，在部分河道内修建拦河坝、挡水埝等，本来河道行洪压力就比较突出，再加上阻水建筑物，等于对河道行洪雪上加霜，在遭遇洪水时可能对两岸的居民造成财产损失。

4.非防洪工程措施有待完善

林州市防汛应急指挥系统实现了各类应用的集中管理，但指挥系统和管理设施还有待完善，防汛指挥系统平台还存在信息采集覆盖面窄、雨水情监测设施及传输设施不完备，数据库缺乏整合、备份等问题。

第二章 水利工程设计理论研究

第一节 水利工程设计中常见问题

建设项目的前期准备阶段，设计单位承担着工程规划、初步设计、施工设计等至关重要的工作，为水利工程的顺利开展做了巨大贡献，但受到时空差异与设计水平的影响，某些设计单位所作出的设计依然存在着一些问题，这对于水利工程的施工非常不利。为使所设计的方案在水利工程能有效进行，我们必须对设计内容进行严格的审查，找出其中存在的问题并加以改善，为实现现代化建设的宏伟目标创造良好的条件。

一、水利工程设计的重要性

水利工程是指为达到一定的水利目标而制定的工程方案、建筑物和实施方法以及经费预算等工作。水利工程设计的方案直接影响工程的功能、工程的安全运行和工程的投资效益，因此，水利工程设计是水利工程建设中的重要灵魂，对加强设计管理是有着非常重要的意义。那么，对水利工程设计的重要性可以从以下几点展开分析。

1.水利工程设计对于运行费用的重要性

水利工程设计的质量影响着项目建设的一次性投资，也影响着运行费用。例如水利工程建设运行过程中的保养、检测、维护等费用，都受水利工程设计的影响。

水利工程一次性投资和运行费用有着一定的反比关系，而水利工程设计在它们之中的作用可以影响到两者的最佳结合，从而使得水利工程建设项目的运行费用达到最低。

2.水利工程设计方案完善与否直接影响水利工程的造价

按照水利工程设计的收费标准，设计费用一般只相当于建设工程全寿命费用的2%-3%左右，正是因为这样，所以才对投资的影响很大，而且某些工程甚至可能成倍的增加或者减少投资，单项工程设计中，其设计方案和结构式的选择及建筑材料的选用都对投资有较大影响，例如工程布置、坝型选择、堤型选择、方案比较、材料选用、细部结构、基础类型选用等都存在技术经济分析问题。

二、常见问题

1.编制文件不足

水利工程设计方案的制定必须结合施工现场的实际情况进行，通常涉及的信息如：工程位置、地形地貌、水文资料、地勘资料、规模标准等等。如果连这些基础性资料的准确性与充分性都保证不了，那所设计工程的后期性能必然大打折扣，直接影响工程的质量安全不说，甚至威胁到工程的使用功能，造成人民财产的严重损失。因此相关设计部门在进行工程设计时，事先要进行实地考察收集信息，并根据地理资料进行水利工程设计，避免因基础信息不充分而引发的设计问题。

2.论证不够充分

在确定水利工程施工之前，通常要对施工方案进行全面的诊断，保证设计方案充分可行的同时，也证明了该设计方案具备很强的先进性。但是，一般的水利工程设计方案往往忽视了这一环节，即便对设计方案进行了论证，其论证程度也达不到规定的标准。笔者就当前局势分析发现，很多工程项目对设计方案的论证都是片面的、过场式的，并没做出真正意义上的经济分析，这样的论证无疑缺乏科学性，不但不能达到优化项目成本的目的，反而更增重了项目资源的浪费。23方案比选分析不足不论是在设计的研究阶段还是初步阶段，方案比选都是方案审查中不可或缺的环节。正是依据这些对比分析，我们才能从多个角度去分析评价所设计的方案是否合理、是否可行、是否具备实用性质，从而使设计与实际尽可能地达到一致。

4.对施工组织设计不够重视

施工组织设计作为指导施工准备和施工活动的文件，其详细程度直接影响到后续工作的顺利开展。即便如此，当前还是有很多水利工程对施工组织设计不够重视，对一些可知条件和现场信息缺乏综合的调查，这样必然导致施工中的变更索赔频繁发生，也难以给下一步的招标工作做好准备。

5.图纸不全

在设计图纸时，许多设计人员对于工程结构图中的细件不够重视，经常会出现尺寸标注不明的情况。比如说对于一些特征点的标注不全或没有设计剖面、大样图，这对于施工及工程量计算来说是困难的。对图纸的说明也不够全面。图纸设计栏没有设计者的签名，符号出现错误等，这些对之后的施工安排都会造成不良影响。

6.概算不清

概算编制说明应包括工程概况、编制原则和依据、投资指标等实际性内容，附表、附件也要按照水利工程标准整理，尽可能做到具体描述。但在实际情况中，一些设计部门却没能做到这点，这就不可避免地造成项目在核定定额时存在较大的误差，在后面的审查中由于实际情况与计算数值不符，不能作出准确的判断。

7.设计变更不规范

由于设计前期过程中存在的上述问题，后期施工阶段必然存在着若干设计变更，一些设计人员缺乏对设计变更流程的规范认识，导致设计变更不严谨、不规范，一般表现为变更手续不齐全，变更理由不充分，变更内容不合理等。这些问题会对工程造价的控制及后期的工程竣工和审计工作带来很多麻烦。

三、改进措施

1.端正态度，增强对工作的责任心

解放思想，端正态度，是设计人员在工作中首先要注意的问题。一般的设计中，许多问题的都是因为设计人员缺乏责任心和没有端正态度而导致的，只有对质量的重要性有了正确的认识，对设计工作给予足够的肯定，保证用一种积极的心态去面对设计。除此之外，设计部门还要加强思想上的教育，引导设计人员树立正确地做事方针，做好每一个设计成果，以确保设计质量，使水利工程能经得起检验和考察。

2.技能培训，提高整体设计水平

由于经济条件并不宽裕，很多设计工作人员难以参加更高层次的培训，导致设计水平永远都停留在一个层次上，这对时代先进性的建设模式极为不利，所以设计单位必须加大对职工学习知识的投入力度，给工作人员做好定期的专业技能培训，使其了解并掌握当今世界的新技术。这样对提高设计人员的水平，以及增强单位的综合实力都很有帮助。

3.加强硬件设施，优化工作效率

设计工作中，各单位要加强对硬件设施的重视，及时配备工程设计所需要的相关规范和软件，这样不仅保障了水利工程的设计质量，也为国家避免了巨大的经济损失。随着信息化时代的到来，很多先进的科学技术应运而生，计算机已然成了工程设计中不可或缺的配置。

4.加强设计跟踪回访

为加强设计后续服务工作，提高市场竞争力，确保设计项目的顺利实施，应加强对设计项目的跟踪回访，认真核查设计中存在的问题和设计变更的合理性、规范性。通过设计跟踪回访，一方面解决施工过程中存在的设计偏差，另一方面检验设计中采用的技术方案、施工工艺和材料是否合理得当，通过对施工实践的不断总结，逐步提高设计水平。

水利工程想要顺利实施，必须拥有合理的设计规划方案。水利工程设计作为水利工程建设的灵魂，是保证水利工程顺利实施，达到经济、安全目的的保证。为保证水利工程施工能够有条不紊地展开，必须加强设计管理，认真研究方案、细化内容设计。

第二节 水利工程设计对施工过程的影响

在近些年来自然环境受到严重破坏，气候急剧变化，水利工程发挥的作用越来越大。但是从水利工程建设过程来看，相关单位主要把精力放在了施工、安全、资金等方面，而不太重视水利工程的设计。水利工程的设计对于施工投资、施工安全等都有着重大的影响，需要引起相关单位的关注。

一、水利工程设计对施工投资的影响

设计单位对施工环境的测绘等工作做得越深入，设计方案就会更接近于实际的地形及水文地质条件。施工过程与设计过程基本一致，从而使投资能够较好地得到控制。如果设计单位为了节约投资，勘测不准确、设计不合理，实际设计方案与施工方案存在较大的出入，基础处理等方面的预算可能会超标，从而导致实际投资超出原来的投资规模较多。当然，也可能会出现设计投资规模高过实际投资规模的情况。因此，在洽谈设计合同时一定要对地形测量、勘探等工作提出具体的要求，并可派专人监督完成，使设计工作尽量准确，避免设计投资与实际投资相差较大的情况发生。

为了避免上述问题的发生，除了要加强对勘测、设计单位的监督、管理之外，还需要慎重选择勘测、设计单位。应选择有相应资质，实力强、信誉好的设计单位直接设计，杜绝借资质挂牌设计。因为借资质挂牌设计机构在工作人员数量、质量、业务水平上往往都存在一一定的欠缺，在完成实际勘测和实际工作时容易出现各种纰漏；这些单位往往追求利润最大化，在勘测、设计过程中敷衍了事，深度不够，难以达到质量要求。

二、水利工程设计对施工安全的影响

在水利工程的施工建设中，施工安全一直是最重要的方面之一。各施工单位以及各级政府部门都极为重视水利工程的施工安全，相关主管部门都会不定期对施工现场进行安全检查。而水利工程的设计与施工安全之间存在极为密切的关系，主要体现在以下几点：设计不合理，造成施工困难，带来一定的安全隐患；施工单位组织的施工方法不当；施工时没有完全消除施工安全隐患。这三点当中任何一点没有做好，都可能会造成施工安全事故的发生。为了避免施工安全事故，要从源头上做好防范。设计工作人员在设计过程中应当充分考虑施工过程中可能存在的安全隐患，针对其中的关键问题充分准备，并做好预设工作，保证设计环节可对后期施工安全起到保障

作用。在施工过程中建设单位要即时反馈施工中发现的设计不足问题,及时纠正,杜绝因设计不足导致安全事故的发生。

三、水利工程设计对施工质量的影响

质量问题是水利工程施工过程中重点关注的另一问题,出现质量问题的原因主要有两个方面:设计不合理造成难以施工或者导致施工存在缺陷的;施工单位没有按照设计的要求进行施工。对于第一种情况,一般主体结构的设计不存在问题,但是在细节上考虑不周全,从而造成质量问题。比如人行桥板设计,设计人员若按简支结构设计,只需配置下层受拉钢筋,若采用现浇混凝土施工,就要说明桥面板与桥墩必须采用油毛毡隔开以便形成简支板,否则桥板与桥墩整体浇筑,形成固端弯矩,上侧受拉,桥面板上侧易出现开裂的质量问题。类似的细节问题在设计中较为常见,如挡墙设计时以墙背无水作为稳定计算条件,那么挡墙就应当在墙后设置滤水措施并在墙内每隔一定距离设置排水孔,使施工后的使用条件最大限度地接近设计条件,确保挡墙稳定,否则在下雨或有水的情况下易造成挡墙失稳的质量问题或质量事故。因此,在水利工程项目设计过程中,应注意对细节的把握,全面考虑,避免出现各种失误而导致质量问题的发生。

四、水利工程设计对施工影响的多面性

前文对水利工程项目设计对施工投资、安全、质量的影响进行了分析。由分析可以看出,水利工程设计对施工的影响是多个方面的。也就是说,这些影响存在多面性。如设计不合理,要调整设计方案时,就会影响到工程进度、工期,在更改设计方案时,可能需要追加投资;当出现质量问题时,就需要停工分析质量问题发生的原因,导致工期延误。多数设计问题的发现,都是在出现问题之后,一般都会带来一定的经济损失,甚至有可能会发生安全事故。

要搞好水利工程项目建设,要做好设计工作,只有通过一定的措施来严格把控设计质量,使设计更完善、更合理,才能减少施工过程中质量及安全等方面问题的出现,使设计更好地为工程建设服务。

第三节　水利工程设计发展趋势

在经济与科技日益发展的今日,我国的城市人口急剧增加,我国的工业也取得了很大的发展,因此生活用水与工业用水的需求也日益旺盛,导致水源越来越短缺。在如此严峻的形势面前,水利工程的设计尤显重要。水利工程主要是指通过充分开发利用水资源,实现水资源的地区均衡,防止洪涝灾害而修建的工程。由于自然因素和

地理因素的影响，各个地区的气候不同，河流分布也不同，这就造成全国水资源分布严重不均匀，比如西北地区为严重缺水地区。为了满足全国各地人民的生产生活需要，我们必须大力修建水利工程，认真规划水利工程的设计，关注水利工程未来的发展趋势。

一、水利工程的设计趋势

（一）水利工程设计过程中审查、监管的力度会加大

由于曝光的豆腐渣工程越来越多，国家对水利工程设计过程中的审查、监管的力度会越来越大。水利工程的建设过程中要派专人监管，防止出现不合理的工程建设及建设资金被贪污，建设完成后要对工程进行严格审查，以免出现豆腐渣工程。

（二）设计时突出对自然的保护

现代水利工程的设计更加注重对自然的保护，力求减少因水利工程建设而带来的生态破坏。水利水电工程对环境影响，有些是不可避免的，而有些是可以通过采取一定的措施来避免或减小的。水利工程的建设会影响到河流的生态环境，严重的话会对鱼类的生存繁衍造成影响，从而影响渔业与养殖业。水利工程建设会对上游植被造成破坏，容易造成水土流失，因此，这就要求下游平原应该扩展植被面积，减少水土流失，从而减轻下游港口航道淤积的程度。如果在建设过程中没有注意对生态环境的保护，以后不仅会导致物种灭绝，而且也会对人的身体健康造成影响。例如，葛洲坝的建成导致了中华鲟的数量减少，再例如，阿斯旺水坝施工人员没有做好建成以后对环境影响的预测，造成水坝建成以后下游水城居民大量的血吸虫病，对身体健康造成了重大危害。

（三）设计时重视文化内涵

完美的水利工程建设有利于城市美好形象树立，可丰富城市文化内涵。杭州政府重视西湖，并为西湖做出很好的规划、修整、维护，使西湖之美与时俱进。所以说完美的水利工程，不仅为杭州增添了几分自然美，也为杭州这座城市增添了浓厚的人文气息。

城市水利工程的建设不仅要注意地上建设，也要兼顾地下建设，这样不仅能防止城市内涝，而且能突出城市天人合一的文化内涵。例如巴黎的地下水道，干净、整洁，许多外国人都曾到地下水道参观，而我国在这方面仍存在很大的差距。

（四）设计过程中注意对地形的影响

大型水利工程的选址不应该在地势较低、地壳承载力较低的地区，例如盆地，这样易引发地质灾害。如果选在地壳承载力较低的地区，水库中的过大拦截水量会侵蚀陡峭边岸，可能会导致山体滑坡，再加上水位波动频繁，会导致地质结构变化，可能

会引发地面塌陷,严重的可能引发地震。

(五)设计过程中应注意对周围文化古迹的保护

水利工程建设过程中可能会对文化古迹造成影响,未来水利工程的建设应该建立在不破坏或者是尽量减少对文化古迹的破坏的基础上,从而保护当地风景名胜的安全。如三峡大坝建成之时许多文物古迹都被淹没江水当中,对中国历史文化方面的破坏很大。

二、水利工程的发展趋势

(一)大坝建设会减少,近海港口工程会增加

自三峡大坝建成后,我国的大坝建设的需求量也在减少,大坝建设即将迎来低谷期。水利工程更多地开始投入到近海城市港口当中,近海城市港口的开发也越来越重要。所以,以后水利工程的建设中近海港口工程会增加。

(二)水利工程的功能在不断拓展

现在水利工程的功能已经拓展到调节洪峰、发电、灌溉、旅游、航运等方面。就拿三峡大坝来说,它的功能不仅仅是防洪灌溉,而是集防洪、灌溉、发电、旅游为一体。三峡水电站装机总容量为1820×104kW,年均发电量847×108W,每年售电收入可达181×108~219×108元,除可偿还贷款本息外,还可向国家缴纳大量税款,每年所带来的经济效益非常可观。

(三)各个部门的合作会不断加强

水利工程的建设离不开地理勘探,而且会对自然环境造成一定的影响,所以,这就需要协调各方,促使各方的通力合作,这样才会对自然环境的影响降到最低。首先,水文部门要通知施工部门详细解释施工地区的情况,从而促进施工人员对施工地区各种情况的了解,然后,施工部门需要采纳环保部门的意见,以减轻对生态环境的破坏程度。

(四)国外市场对水利工程建设的需求大于国内市场

近些年来由于我国西南、西北地区的水利工程趋于完善,国内市场对于水利工程的需求量越来越低。而国外某些发展中国家水资源分布不均匀,急需水利工程的建设,但其自身的水利工程建设技术不成熟。因此,我国可以去外国进行水利工程的建设,这样不仅有利于我国经济的增长,还可以促进我国与他国之间的友好关系。

水利工程不仅关系到人类的生存发展,也关系到自然界的生态平衡,只有做到经济效益、社会效益与生态效益的统一,才能把水利工程所带来的负面影响降到最低。大型水利工程建成以后,不仅会对当地的气候造成影响,而且很有可能会对全球气候造成影响。所以,这就要求在水利工程完工之后,气象部门、水文部门、林业部、国土

资源局共同监控，做出预测，为及早地应对水利工程所带来的气候变化、自然灾害做好准备。水利工程有利有弊，只有让利增加，让弊减少，这样的水利工程才称得上利国利民。

第四节　绿色设计理念与水利工程设计

在生产和工作中应该充分考虑到尽量节约自然资源，并且重视环境保护，这就是绿色设计理念。当前自然资源正在逐渐进展，人地矛盾日益突出，而人类的发展对于水利工程也有着很强的依赖性，但是水利工程的兴修难免会给周围环境造成一定的影响，所以在进行水利工程设计的时候一定要将绿色发展理念融入其中，这样才能推动整个水利行业的健康发展。本节针对绿色发展理念的原则进行说明，并且讨论如何将其应用到水利工程设计中，希望可以给相关工作的开展提供一些参考。

近年来随着人类的发展，全球范围内的生态环境都不断在恶化，已经有越来越多的人重视到这个问题，所以人们提出了绿色发展理念。对于人类来说，其生产和生活的一切活动都会给环境造成一定影响，这种影响在工业化之后就越来越凸显出来。水利工程由于其自身存在的特性，其修建难免会给周围环境造成硬性，所以尤其应该融入绿色发展理念，这样才能一方面保护周围的环境，另一方面也有助于水利工程建设工作的进行。这样看来，将绿色发展这一理念融入水利工程设计中是合乎时代发展需要的。

一、绿色设计中需要遵守的原则

（一）回收利用原则

很多产品以及零部件的外包装都是可以循环使用的，当前很多设计人员在进行产品设计的时候，其零部件已经越来越趋向于标准化，这给回收再利用带来了很大的便利，其一方面可以大大降低整个材料的成本，并且也融入了绿色发展理念，有效节约了资源，这需要建立模型的时候就要尽量保证其标准化。通过回收利用产品，其可以有效延长产品的使用期限，并且也有效节约资源。

（二）循环使用再进行回收

旧有的设计中很多产品在使用之后就会直接出现破损或者老化，所以这种产品也就无法正常发挥功能了，但是在绿色发展理念下生产的产品其循环使用之后仍然可以进行回收。所以在生产过程中融入这种理念，其可以有效节约资源，并且可以让生产出的产品具有更好的清洁性。

(三)节约资源

在生产和施工过程中积极倡导绿色设计理念,其最大的优势就是可以大大降低原材料的投入,其可以将资源发挥出最大的利用价值,也有利于推动技术的进步,也能给环境起到一定的保护作用。

二、在水利工程修建中对周围环境所产生的影响

(一)在建坝期间的移民问题

对于那些长期生活在水坝附近的居民们,安置他们新的生活住所成为建坝施工单位所面临的一个重要的问题。在建坝这项工程中包含的领域是非常广泛的,在建坝工程中往往会关系到沿岸居民的生存权和居住问题。目前,对于移民问题,国家是非常重视的,由于一些大型的水利工程都是在山区,并且当地的居民生活都比较贫穷,移民对于这些贫穷的居民来说是摆脱贫苦生活的一个重要机遇,所以大多数的居民是赞成移民的,但有些居民对家乡的眷恋之情也是非常强烈的,这就使得移民问题变得庞大而且复杂。在绿色水坝工程实施的过程中,要重视移民的问题,并且相关的负责人要努力完成这一项工作。

(二)对大气所产生的影响

在进行大坝建设的时候会使得当地环境的结构改变,从而影响到当地的生态环境。所以在大坝建设与生态环境的矛盾问题之上,要充分认识到大坝建设对大气以及气候的相关影响。目前,我国的大部分水库的发电站的面积比较大,并且一些水库的发电站都是处在高山峡谷的地区,然而在库区的周围还有一些森林,所以会出现一些树木腐烂,从而影响着当地的大气环境。

(三)水坝建设中的一些泥沙以及河道的问题

由于水坝建设会产生一些泥沙问题,并且会对河道产生重大的影响,这就要求相关的负责人在水坝建设的时候要重视泥沙问题以及相关的河道问题。从生态的角度来看待泥沙以及河道问题,由于泥沙对河势、河床、河口以及整个河道产生巨大的影响,并且在修建大坝的过程中,泥沙起着一个根本性的作用。在修建大坝的过程中,水坝能够使得河流中自带的一些泥沙堆积在河床上,并且不能够自然地在河流中流动,从而减少了河流下游地区的聚集量,从而影响了下游地区的农作物以及生物的生长。

(四)水坝建设对河流中的鱼类以及生物物种的影响

如果在自然河流上建坝,这样就会阻碍了天然河道,从而控制了河道的水流量,最终会使得整条河流的上下游以及河口的水文不能够保持一+致,从而产生了比较多的生态问题。目前,水坝建设对河流中的鱼类以及生物物种的影响引起了社会各界

的关注。

(五)水坝建设对水体变化的重大影响

在水库里河流中原本流动的水会出现停滞不前的状况，这就使得水坝建设对水体变化会产生一定的影响，然而水坝建设对水体变化的重大影响的具体表现如下：影响着航运。例如：在过船闸的时候所需要的时间的长短，与此同时影响着上行或者下行的航速。在发电的过程中，此时水库的温度会升高，并且此时水库中的水排入水流中，可能会使得河流中的水质变差，尤其是水库的沟壑中很容易会出现一些水华等相关的水污染现象。在水库装满水之后，由于水库的面积比较大，并且与空气接触的面积也是比较大的，从而也使得水蒸发量大大增加，最终使得水汽以及水雾也逐渐变多。

三、如何将绿色发展理念应用到水利工程中

正常来说，我们在进行水利工程设计和施工到时候，其中大坝的修建是一项非常重要的步骤，所以尤其需要重视起来，考虑到其建设对周围环境产生的影响，尤其是生态问题、社会环境和经济发展。

在城乡建设中，其中一项非常重要的内容就是河道堤防的建设以及治理工作，在工作的过程中也要首先明确绿色设计理念的发挥，来让发展走向和谐化。重视绿色设计理念，可以有效提高工程的使用价值、改善其周围的环境，并且通过理念的发展，来给大坝建设和水利工程的设计提供指导。

在科学发展观的理念中，发展是第一要义，所以在发展的过程中要坚持可持续发展的理念，并且要运用科学发展观的理念来引导水利水电事业，从而能够使得人与自然向着可持续化的方向发展。在水利工程项目中应通过采用绿色设计理念，去解决项目中遇到的一些问题。

随着社会的发展，我国经济建设也取得了很大的进步，这些都直接推动着我国城市化水平的提高。但是防洪问题对于一个城市的发展来说也是非常重要的因素，所以这样看来，水利工程其本身也有保护城市居民的重要作用，通过兴修水利工程就可以有效减少洪涝灾害。当前已经有越来越多人开始重视绿色发展理念了，如果将这个理念融入水利工程建设中，其可以大大提高水利工程的社会、经济效益，为人们的生活带来便利。

在水利工程运行中，加强渠道的设计是必不可少的，这是确保水利工程高效运行的重要保证，这已经成为水利工程企业内部普遍重视的焦点性话题。在水利工程设计中，加强渠道设计，对于践行水利灌溉节约化用水目标的实现，符合节能减排的建设目标，避免渠道渗漏和损坏现象的出现，实现水资源的高效利用与配置。本节主要针对水利工程设计中的渠道设计展开深入的研究，旨在为相关研究人员提供一些理

论性参考依据。

目前，加强渠道设计，是水利工程设计工作中的重中之重，在现代基础水利设施中占据着举足轻重的地位，已经成为水利工程设计顺利进行的重要保障。在水利工程设计的渠道设计方面，存在着较多不足的地方，因此必须要制定切实可行的优化措施，对渠道加以正确设计，不断提高水资源利用效率，将水利渠道工程的设计工作落实到位，延长水利渠道的使用寿命，确保水利工程企业较高的知名度与美誉度。

第五节　水利工程设计中的渠道设计

一、水利工程设计中渠道设计的遵循原则

在水利渠道设计过程中，设计人员要结合当地实际情况，对各种影响因素进行深入分析，比如城市规划和发展预测等，并从现行的渠道工程施工技术情况进行设计，制订出最为配套可行的渠道设计方案，要与当地农业生产实际情况相匹配，确保水利工程施工水平的稳步提升，在设计过程中，要做到：

首先，重点考虑增加单位水量，这对于水资源的节约是极为有利的。在渠道设计过程中，要树立高度的节能环保理念，将单位水量灌溉面积增加到合理限度内，要与相应的灌溉需求相契合，为水利工程经济效益的提升创造有利条件。其次，要结合当地实际情况。设计人员在设计之前，要对当地水资源分布情况进行充分了解，重点考察当地的地形和农田分布等，合理利用水资源，确保水利工程渠道设计的科学进行。最后，要高度重视曲线平顺这一问题。设计人员在设计时，要结合当地水文条件，渠道设计形状要尽可能满足曲线平顺，确保水流的顺利通过，在当地条件不允许的情况下，设计人员要对相应的渠道路线进行更改，以便于渠道当中水流流通的顺畅性。

二、水利工程设计的渠道设计的内容分析

在水利设计渠道工作设计中，要对灌溉渠的多种影响因素进行分析，比如渠道施工的内在因素和自然因素等。其中，地质土质、水文等是外在自然因素的重要组成部分，而渠道水渗透的重要影响因素之一就在于地质土质，气候因素对渠道的修建规模造成了极为不利的影响，输水是渠道的重要功能之一，然而在防水处理不到位的情况影响下，要高度重视“存水”。在内在因素中，涵盖着众多方面，比如在渠道外形设计、防水处理以及防冻处理等方面。在渠道设计过程中，渠道大小和形状等是渠道外形设计的重要构成，不同设计所对应的优势也是不相同的，比如矩形具有施工占用面积小、存水量大等优势，对渠道使用寿命的延长是极为有利的。

与此同时，防水层的处理工作是水渠施工的一项不容忽视的内容，对于一些小型

渠道来说，是直接开挖排水渠的，加剧了渗水现象，所以要加强防水材料的利用，以此来进行渠道的铺设工作，随即再在上面添加一些黏土或沙土，其防水效果比较良好。此外，在灌溉渠道的修建过程中，要与其水利设施相配套、协调，避免水流失现象的出现，控制渗水面积的扩大。

三、水利工程设计中渠道设计的优化措施

（一）正确选择渠道设计材料

在渠道设计过程中，材料的选择与渠道设计水平之间的关系是紧密相连、密不可分的，两者之间起着一定的决定性关系，所以在材料选择中，要坚持质优价廉的原则，保证渠道良好的使用性能。而且对于渠道工程的使用环境来说，是比较复杂、繁琐的，必须要对具备长效机制的材料加以优先选择，将渠道的使用寿命延长。同时，季节因素也是材料选择中不容忽视的一个方面，要想把对渠道材料的影响因素降至最低，就要对具备抗老化性、耐久性的材料加以优先选择。

此外，要想避免由于热胀冷缩现象影响材料的正常使用，就要尽可能选择安装便捷、接缝少的材料，防止渠道渗漏现象的出现。

（二）加强U型槽断面的渠道设计与预制

1. 在常见的衬砌形式中，其中重点包括U型混凝土渠，主要是因为U型混凝土渠的断面形状与水利断面的形状是非常匹配的，所以也决定了U型混凝土渠具备较高的过水能力，而且其实际的断面开口是比较小的，所以决定了占地面积也是比较小的，实际应用效果比较理想。目前，D60和D80等是较为常见的预制板种类，随即在预制板的下面铺设聚乙烯塑膜或砂砾石等，在D80渠道的设计中，在缺少过流要求的情况下，要加强U型板加插块形式的应用，并符合相应的过流要求。然而这种渠道施工的难度比较大，将会缩短其使用寿命。

2. 在混凝土U型槽渠道的使用中，要先进行预制，做好混凝土U型槽渠道的预制工作，可以加强IZYB-1型号的混凝土U型槽渠道成型设备，这是U型槽渠道预制方面常用的设备，将资金投入降至最低，而且相应的工作流程也比较简单，这已经得到了制作人员的高度重视。然后要选择适宜的U型渠道的大小规格，UD30和UD60等是较为常见的U型槽渠道规格，并且各条U型槽的壁厚不得超出4cm，U型槽的长度要控制在0.5m，进而为混凝土U型槽渠道的混凝土配比工作的进行奠定坚实的基础。

（三）确保跌水结构设计的科学性

对于跌水结构来说，在水利渠道设计的地位不可估量，在处理水流落差方面发挥着极大的作用，在水利渠道设计中，其原则要遵循落差小、跌级多等，首先，在水利渠道跌入水中，要按照水利工程的规模来布设，而规模较小的工程可适当减少跌水的设

置，并且要在地形和渠道材料允许的范围内进行；而规模较大的工程在布设跌水结构时，要充分考虑地形这一因素。

同时，在设置跌水位置时，要准确设计，对不同层级之间的跌水位置进行精确测量，避免出现不必要的水资源流失现象。将跌水结构的落差降至最低，所以要加强多层级设计的应用。

（四）合理设计水利渠道比降

在水利渠道设计的重要参数中，渠道比降同样不容忽视，要控制土渠道的渠道比降，并且适度扩大混凝土衬砌渠道的渠道比降。渠底比降与跌水之间的关系也是极为紧密的，在渠底比降较大的情况下，跌水个数和落实并不是特别明显。在水利渠道比降设计过程中，要对水利渠道的原始渠道比降进行深入分析，究其原因，及时采取相应的解决措施，避免遭受不必要的经济损失。所以要树立长远目标，将其渗透到渠道比降设计，确保水利渠道工程经济效益的稳步提升。

（五）做好流量设计和断面设计

1.流量设计

在灌溉渠道的水流量计算中，流量设计的作用不容忽视，要想确保整个灌溉渠道设计的有效性与准确性，必须要确保流量设计的准确性。在设计灌溉渠道过程中，在诸多方面的影响之下，相应的设计方案也要进行调整与修改。比如在特殊情况需要扩大灌溉面积时，必须要注重灌溉渠道大流量水顺利通过的能力的提升。因此，在灌溉渠道设计中，要充分考虑初期设计的灌溉水渠的流量，密切关注当地地理位置和周边环境，将灌溉渠道的流量增大到合理水平内，要适当调整灌溉渠道的流量，并增强灌溉渠道的稳定性，做到“一举两得”。

2.断面设计

在渠道工程设计中，断面设计也是极其重要的构成内容，在断面设计过程中，要重点围绕渠道工程设计流量，在横断面的设计中，要高度重视渠道工程设计流量和过水断面面积之间的比例关系，并对渠道的纵坡高度进行深入分析，确保渠道断面设计的科学性与安全性。而渠道设计工作人员要提高对断面设计的高度重视，在有效时间内完成工程建设任务，为渠道工程建设质量的提升创造条件。

综上所述，在水利工程设计中，做到渠道设计工作是至关重要的，可以确保水利工程的高效运转，具有实质性的借鉴和参考意义。因此，在进行渠道设计过程中，要结合当地灌溉实际情况，开展相应的渠道设计工作，要选择合适的材料，做好不同种类的渠道设计，做好渠道的跌水设计工作。设计人员在设计过程中，一旦发现问题，要及时采取措施来加以解决，确保良好的渠道设计效果，确保水利渠道工程建设的顺利进行，为人们生产生活提供相应的便利条件。

第六节　水利工程设计中投资控制存在问题及对策

目前，我国公民越来越认识到水利工程建设对于民生发展的重要性，从而使得水利工程的建设受到社会各界更高程度的关注，引起国家的高度重视。在我国水利工程建设的当今阶段，相关的设计人员更多的注意力放在对水利工程建设的结构和构造上，而对于水利工程的投资并没有进行合理的规划，很少将投资作为水利工程建设的参考标准之一。所以，加强对于水利工程设计中投资控制的相关研究，对于节省财力资源是非常关键的。

一、水利工程设计中投资控制存在的主要问题

（一）相关单位对水利工程设计控制投资的重要性缺乏认识

虽然当前我国的水利工程建设已经取得了重要的进步和发展，但是仍然存在着一些问题需要解决，其中首要问题是相关单位对水利工程设计控制投资的重要性缺乏认识。这主要体现在相关的施工单位普遍将注意力放在施工阶段的质量控制和工程进度控制上，而对于施工设计的重视程度不够。施工单位为了尽快拿到设计方案进行施工从而保障施工进度，往往留给相关设计人员的时间较少，使得设计人员难以充分地考虑施工过程中的各种问题，对于施工方案往往不能设计得尽善尽美。其次，施工单位在拿到施工设计图后，往往没有进行严格的审阅和检查就进行施工，也没有对图纸中的相关问题进行解决和合理的优化，从而使得一些问题在施工过程中被暴露出来。除此之外，施工单位往往重视施工过程中的投资控制，而不注重设计过程中的投资预算，使得在施工过程中对投资的调整只能处于被动的地位，这对于水利工程建设的投资的合理控制是非常不利的。

（二）设计保守且标准过高

目前，我国的水利工程建设在设计中的投资控制上还存在一个非常重要的问题，就是设计保守且标准过高。这首先体现在相关的设计人员为了谋取一己私利，在设计过程中故意虚报价格，从而能够多收取一定数额的设计费，这对我国的水利工程建设的相关预算产生了一定的影响。设计保守且标准过高还体现在一些设计人员害怕正常的设计标准预算会给自身带来一定的风险，所以为了保证自身能够较少地承担这些风险，在给出的工程投资预算上都比较的保守，预算金额比实际要高，这也对水利工程建设的投资控制产生了一定的影响。除此之外，由于水利工程建设的环境比较复杂，对于一些地形条件比较恶劣的地区，设计人员为了保证施工工程的安全性和牢固性，往往会采用多加材料的方式，但是这在很大程度上会造成材料的浪费和施工成本的提高，也会对工程资金预算产生较大的影响。所以说，设计保守且标准过高，

也是我国目前水利工程建设中投资控制方面存在的主要问题。

(三)设计收费方法不合理

目前,我国水利工程施工单位在设计费方面仍然采取劳务性收费的方式,即设计收费以设计方案的规模为标准,进行正向的增加。这种付费方式容易造成的问题就是设计者为了更多地赚取劳务费,在设计过程中故意地增大设计规模,增加施工设计的内容,这样不仅仅使得施工单位的设计付费增加,还会增大工程施工的预算成本,然而并不一定能够达到更好的施工价值。所以说,设计收费方法的不合理已经成为目前我国水利工程建设在设计的投资控制上非常重要的一个问题,解决这个问题对于水利工程投资成本的减少是非常有利的。

(四)设计与施工没有紧密结合

除了以上问题外,目前我国的水利工程建设在设计中的投资控制上还存在一个非常重要的问题,就是设计与施工没有紧密结合。在我国水利工程建设的当前阶段,理论脱离实际是非常典型的一个问题,主要体现在相关的设计人员从学校毕业以后直接进入到设计公司工作,并没有实地体会过将设计应用到实际的区别,这就导致他们在工作过程中并不能够充分考虑到其设计方案在实际操作中是否可以实现,是否会产生一定的误差。这造成的后果就是在施工过程中会发现一些问题,从而不得不重新调整工程设计方案,不仅会延误工期,还会增大工程的投资成本,增加工程的投资预算。

二、水利工程设计中投资控制存在的问题及对策

(一)加强相关单位对水利工程设计控制投资重要性的认识

针对我国水利工程建设投资过程中存在的相关单位对水利工程设计控制投资的重要性缺乏认识的问题,其主要的解决对策就是加强相关单位对水利工程设计控制投资的重要性的认识。这首先要求相关施工单位充分认识到水利工程设计阶段对于整个施工过程的影响的重要程度,给予设计人员更多的设计时间,使得他们能够在设计过程中充分考虑包括投资控制等各方面问题,设计出更加完美的施工方案,从而在最大限度上避免施工过程中相关问题的发生。其次,施工单位在拿到相应的施工设计图之后,要先对该设计图进行严格的审查,确定符合相应的标准后再进行施工。对于设计方案图的审查不仅包括对工程结构的可行性,还要对该设计方案的投资成本进行预算,确保其在投资的预算标准范围内,并且在该基础上对施工设计图进行进一步的完善,在保证施工质量的前提下尽量减少施工投资预算成本。

(二)合理规划设计标准

针对我国水利工程建设投资过程中存在的设计保守且标准过高的问题,其主要

的解决对策就是要合理规划设计标准。这首先要求相关的设计人员充分认识到自身的位置，在工作过程中拥有基本的行为准则，不能够为了谋取一己私利而故意抬高水利工程建设的投资预算价格，从而对于水利工程建设的施工产生不利的影响。其次，相关的设计人员在工作过程中要拥有一定的工作责任感，不能为了推卸自身责任而给出过于保守的投资预算价格，可以将投资预算的实际范围和保守估计的范围同时给予相应的施工单位，使其能够做好更加充分的准备并对施工方案进行合理的调整。除此之外，对于水利工程建设环境比较复杂的地区，相关的设计人员在进行设计时要进行更多的考虑，不能够一味地以增加建筑材料为解决方式，这样才能够在保证工程质量的同时尽可能地减少工程投资预算。所以说，为了解决我国水利工程建设投资过程中存在的设计保守且标准过高的问题，合理规划设计标准是非常重要的解决措施。

（三）改革现行工程设计收费办法

针对我国水利工程建设投资过程中存在的设计收费方法不合理的问题，其主要的解决对策就是要改革现行工程设计收费办法。为了抵制设计者为了赚取更多的劳务费，在设计过程中故意增大设计规模和施工内容的问题，施工单位可以将合计费用分为基本费用和暂留费用两部分进行付费。其中基本费用是在设计完成并且设计方案被允许施工后付费，从而能够保证设计相关部门的正常运行，暂留费用是在工程竣工以后进行付费，工程完工后，施工单位要对施工的整体性能进行评估，对于整个工程的投资进行评价，如果设计方案较好地节约工程的投资成本，那么暂留部分的费用就进行一定比例的提升，反之，如果设计方案在很大程度上浪费了工程的投资成本，那么暂留部分的费用就进行一定比例的扣除。

（四）强化设计与施工的紧密结合

针对我国水利工程建设投资过程中存在的设计与施工没有紧密结合的问题，其主要的解决对策就是要强化设计与施工的紧密结合。这就要求设计人员在大学时参加相关的培训和实践，能够实地的考察设计方案与其实际实现过程中的区别，从而使得自身能够对于理论和实践有一定的了解，在设计过程中根据理论和实践的误差更好地对设计方案进行一定的调整。这样，才能够制订出更加合理的方案，从而更好地减少水利工程施工设计过程中的投资控制预算。所以说，强化设计与施工的紧密结合，也是在水利工程设计中合理控制投资预算的重要解决对策。近年来，我国水利工程建设已经成为人们越来越关注的问题，为了使得我国水利工程的建设更好地发展，更好地为社会服务，加强对于其设计过程中的投资控制是非常重要的。基于此，本研究对水利工程设计中投资控制存在的主要问题进行了简要的介绍，并重点阐述了水利工程设计中投资控制存在问题的解决对策，希望对于水利工程设计中投资控制的进一步完善和发展有所裨益。总而言之，投资控制是水利工程建设中非常重要的部分，加强对水利工程设计过程中的投资控制对于水利工程更好地造福于社会起着非常重要的作用。

第三章　水闸设计

在我国水利工程当中，水闸的重要性是有目共睹的，而针对水闸进行科学设计能够提升水闸项目在区域水资源合理化调配中的作用，本章主要对水闸的设计进行分析，以期为提高水闸的质量提供参考。

第一节　闸址选择与总体布置

1. 闸址选择

闸址宜选择地形开阔、边坡稳定、岩土坚实、地下水水位较低的地点，并优先选用地质条件良好的天然地基，尽量避免采用人工处理地基。

节制闸或泄洪闸闸址宜选择在河道顺直、河势相对稳定的河段，经技术经济比较后也可选择在弯曲河段裁弯取直的新开河道上；进水闸、分水闸或分洪闸闸址宜选择在河岸基本稳定的顺直河段或弯道凹岸顶点稍偏下游处，但分洪闸闸址不宜选择在险工堤段和被保护的重要城镇的下游堤段；排水闸（排涝闸、泄水闸、退水闸）闸址宜选择在地势低洼、出水通畅处，排水闸（排涝闸）闸址且适宜选择在主要涝区和容泄区的老堤堤线上。

选择闸址应考虑材料来源、对外交通、施工导流、场地布置、基坑排水、施工水电供应的条件，水闸建成后工程管理维修和防汛抢险以及占用土地及拆迁房屋等诸多条件。

2. 枢纽布置

水闸枢纽布置应根据闸址地形、地质、水流等条件以及该枢纽中各建筑物的功能、特点、运用要求等确定，做到紧凑合理、协调美观，组成整体效益最大的有机联合体。节制闸或泄洪闸的轴线宜与河道中心线正交，其上、下游河道直线段长度不宜小于5倍水闸进口处水面宽；进水闸或分水闸的中心线与河（渠）道中心线的交角不宜超过30，其上游引河（渠）长度不宜过长；排水闸或泄水闸的中心线与河（渠）道中心线的交角不宜超过60°，其下游引河（渠）宜短而直，引河（渠）轴线方向宜避开常年大风向。水流流态复杂的大型水闸枢纽布置，应经水工模型试验验证。模型试验范围应包括水闸上、下游可能产生冲淤的河段。

3.闸室布置

水闸闸室布置应根据水闸挡水、泄水条件和运行要求，结合考虑地形、地质等因素，做到结构安全可靠，布置紧凑合理，施工方便，运用灵活，经济美观。

（1）闸室结构

闸室结构可根据泄流特点和运行要求，选用开敞式、胸墙式、涵洞式或双层式等结构形式。整个闸室结构的重心应尽可能与闸室底板中心相连接，且位于偏高水位一侧。

（2）闸顶高程

水闸闸顶高程应根据挡水和泄水两种运用情况确定。挡水时，闸顶高程不应低于水闸正常蓄水位（或最高挡水位）加波浪计算高度与相应的安全超高值之和；泄水时，闸顶高程不应低于设计洪水位（校核洪水位）与相应安全超高值之和。位于防洪（挡潮）堤上的水闸顶高程不得低于防洪（挡潮）堤堤顶高程。

（3）闸槛高程

闸槛高程应根据河（渠）底的高程、水流、泥沙、闸址地形地质、闸室施工、运行等条件，结合选用的堰型、门型及闸孔总净宽等，经技术经济比较确定。

（4）闸孔总净宽

闸孔总净宽应根据泄流的特点、下游河床地质条件和安全泄流的要求，结合闸孔孔径和孔数的选用，经技术比较后确定。

（5）闸室底板

闸室底板形式应根据地基、泄流等条件选用平底板、低堰底板或折线底板。

一般情况下，闸室底板宜采用平底板；在松软地基上且荷载较大时，也可采用箱式底板。当需要限制单宽流量而闸底建基高程不能抬高，或因地基表层松软需要降低闸底建基高程，或在多泥沙河流上游拦沙时可采用低堰底板。在坚实或中等坚实地基上，当闸室高度不大，但上、下游河（渠）底高差较大时，可采用折线底板，其后部可作为消力池的一部分。闸室底板厚度应根据闸室地基条件、作用荷载及闸孔净宽等因素，经计算并结合构造要求确定。

闸室底板顺水流向分段长度（即顺水流向永久缝的缝距）应根据闸室地基条件和结构构造特点，结合考虑采用的施工方法和措施确定。

（6）闸墩结构形式

闸墩结构形式应根据闸室结构抗滑稳定性和闸墩纵向刚度要求确定，一般宜采用实体式。

闸墩的外形轮廓设计应能满足过闸水流平顺、侧向收缩小、过流能力大的要求。上游墩头可采用半圆形，下游墩头宜采用流线型。

闸墩厚度应根据闸孔孔径、受力条件、结构构造要求和施工方法等确定。平面闸门闸墩门槽处最小厚度不宜小于0.4 m。工作闸门门槽应设在闸墩水流较平顺部位，其宽深比宜取1.6–1.8。根据管理维修需要设置的检修闸门门槽，其与工作闸门门槽之间的净距离不宜小于1.5 m。

边墩的选型布置应符合规范规定。兼作岸墙的边闸墩还应考虑承受侧向土压力的作用，其厚度应根据结构抗滑稳定性和结构强度的需要计算确定。

(7)闸门结构的选型布置

闸门结构的选型布置应根据其受力情况、控制运用要求、制作、运输、安装、维修条件等，结合闸室结构布置合理选定。

(8)启闭机形式

启闭机形式可根据门型、尺寸及运用条件等因素选定。选用启闭机的启闭力应等于或大于计算启闭力。

4.防渗排水设计

关闸蓄水时，上下游水位差对闸室产生水平推力，且在闸基和两岸产生渗流。渗流既对闸基底和边墙产生渗透压力，不利于闸室和边墙的稳定性，又可能引起闸基和岸坡土体的渗透变形，直接危及水闸的安全，故需进行防渗排水设计。

水闸防渗排水布置设计应根据闸基地质条件和水闸上、下游水位差等因素，结合闸室、消能防冲和两岸连接布置综合分析确定。均质土地基上的水闸闸基轮廓线应根据选用的防渗排水设施，经合理布置确定。

5.消能防冲布置

开闸泄洪时，出闸水流具有很大的动能，需要采取有效的消能防冲措施，才能削减对下游河床的有害冲刷，保证水闸的安全。如果上游流速过大，亦可导致河床与水闸连接处的冲刷，上游亦应设计防护措施。

水闸消能防冲布置应根据闸基地质情况、水力条件以及闸门控制运用方式等因素，进行综合分析确定。

水闸闸下宜采用底流式消能。其消能设施的布置形式按下列情况经技术经济比较后确定；水闸上、下游护坡和上游护底工程布置应根据水流流态、河床土质抗冲能力等因素确定；护坡长度应大于护底(海漫)长度；护坡、护底下面均应设垫层；必要时，上游护底首端宜增设防冲槽(防冲墙)。

6.两岸连接布置

水闸两岸连接应保证岸坡稳定，改善水闸进、出水流的条件，提高泄流能力和消能防冲效果，满足侧向防渗需要，减轻闸室底板边荷载影响，且有利于环境绿化等。

水闸的设计是非常复杂的，它不仅有主观的因素还有客观的因素。堤防之险在于闸，水闸之险在于基。水闸的地基处理是水闸设计中的重点和难点。当天然地基不能满足承载力和沉降要求时，在满足水闸抗滑稳定的前提下设计人员首先考虑采用轻型结构、增加水闸结构刚度等结构措施。水闸的组成部分及其作用水闸闸室是水闸挡水和泄水的主体部分。通常包括底板、闸墩、闸门、胸墙、工作桥及交通桥等。底板是闸室的基础，承受闸室的全部荷载，并较均匀地传给地基，此外，还有防冲、防渗等作用。闸墩的作用是分隔闸孔并支承闸门、工作桥及交通桥等上部结构。闸门的作用是挡水和控制下泄水流。胸墙是用来挡水以减小闸门高度。工作桥供安置启闭机和工作人员操作之用。交通桥是为连接两岸交通设置的。上游连接段：上游连接段的主要作用是引导水流平顺地进入闸室，保护上游河床及河岸免遭冲刷并有防渗作用。一般有上游护底、防冲槽、翼墙及护坡等部分组成。上游兴墙的作用是引导水流平顺进入闸孔并起侧向防渗作用。铺盖紧靠闸室底板，其作用主要是防渗，应满足抗冲要求。护坡、护底和上游防冲槽是用来防止进闸水流冲刷、保护河床和铺盖。下游连接段：下游连接段具有消能和扩散水流的功能。使出闸水流在消力池中形成水跃消能，再使水流平顺地扩散，防止闸后水流的有害冲刷。下游连接段通常包括下游兴墙护坦、消力池、海漫、下游防冲槽以及护坡、护底等。下游防冲槽是海漫末端的防冲保护设施。水闸选址的原则是水闸稳定安全、能够较好地满足水闸的使用要求、水流流态稳定、水闸便于管理、造价经济。针对上述情况，在满足水闸使用要求和管理的情况下，水闸在选址时应根据水闸的地质条件和水文条件选择地质条件良好的天然地基，最好是选用新鲜完整的岩石地基，或者是承载能力大、抗剪强度高、压缩性低、透水性小、抗渗稳定好的土质地基如果在规划选址的范围内实在找不到地质良好的天然地基，只能对天然地基进行技术处理。

水闸地基处理方法水闸地基处理的方法很多，它们主要用于以下三个方面：增加地基的承载能力保证建筑物的稳定；消除或减少地基的有害沉降；防止地基渗透变形。目前国内在增加水闸地基承载能力和减少地基有害沉降的处理方法方面最常用的是垫层法、砂井预压法、灌浆法和桩基法加载预压法、超载预压法和真空预压法因所需工作面广和预压时间长，目前使用较少，强夯置换法、振动水冲法。因实践经验比较少，现正处在探索过程中。桩基法是常用于竖向荷载大而集中或受大面积地面荷载影响的结构以及沉降方面有较高要求的建筑物和精密设备的基础，桩基能有效地承受一定的水平荷载和上拔力。桩基按施工方法分可分为预制桩和灌注桩两大类。复合地基法复合地基一般是指天然地基在地基处理过程中被置换或增强而形成的由基体和增强体两部分组成的人工地基。复合地基根据桩体材料的性质一般可分为三类：散粒体材料桩复合地基、柔性桩复合地基和刚性桩复合地基，也有学者将柔性桩中强度较高的桩细分为半刚性桩复合地基。由于桩体材料不同，各类桩的加固机理、适用条件和施工工艺也有很大差异。木桩加固法木桩加固法属于桩基法中的一种，此方法是一种十分古老的地基加固方法。由于木桩加固设计简单施工方便不受环境限制，受技术和经济条件限制，国内水利行业对较深厚的软土闸基处理仍缺乏足够的手段和办法采用木桩加固地基几乎成为唯一的选择。木桩的设置一般有两种方法，一是将木桩桩头与闸底板浇注在一起形成类似桩顶铰接的深基础，另一种则在木桩桩顶设碎石垫层，实际上属于复合地基的一种。广东省在水闸安全鉴定中发现无论采用哪种设桩方法相当数量采用木桩基础的水闸都出现了险情破坏主要表现在桩体腐朽导致水平和竖向承载力不足、闸基桩土变形不协调等。预压法是通过预先加载，加速场地土排水固结，以达到减少沉降和提高地基承载力的目的。该方法特别适用于在持续荷载作用下体积会发生很大压缩，强度会明显增长的土，如淤泥质土撇泥和冲填土等饱和粘性土地基等，但此方法也有明显的缺点由于闸基地下水一般与河水连通围封降水难度大，场地土往往需要比较长时间的预压才能完成固结沉降，对施工工期紧的工程，一般较少使用该方法。预压法加固软粘土地基是一种比较成熟的方法，在水闸施工期许可的前提下，采用真空一堆载联合预压法也不失为一个很好的选择。

换土垫层法换土垫层法属于置换法也是一种古老的、相当成熟的地基处理方法。该方法加固原理比较清楚施工简便施工质量易于保证，是浅层地基处理的首选。为避免工程造价过高以及增加基坑支护费用，一般换填深度小于3m。如软弱土层小于3m，下卧层地基承载力较高时，将软弱土层完全挖除换填后，一般均可满足水闸对承载力和变形的要求。如果软弱土层比较厚，仅能换上层软弱土时，应尽量避免采用换土垫层法处理闸基，因为换填后虽然可提高基底持力层的承载力，但水闸地基的受力层深度相当大，下卧软弱土层在荷载下的长期变形可能依然很大。实践表明采用换土垫层法处理的地基出现问题的相对比较少，故至今仍是水闸层地基处理的主要方法之一。水文条件的变迁河网区联围筑闸改变了原来河网分流条件使主河道水位高。河道滩地的码头厂、道路以及众多的占用河道断面的桥墩这些设施除了束窄了行洪断面外还改变了河道原来的天然状况，改变了水流的边界条件，加大了糙率因而雍高水位。河道地形的变迁一般来说，天然河道随季节的变化其来水量在变化其含砂量也在变化河床总是时冲时淤，处于动态平衡状态。由于水闸消能设计的控制工况是：保持闸上最高蓄水位宣泄上游多余来水量下游水位取下限值；水闸防冲设计的控制工况是：水闸泄放最大设计洪水量，相应下游水位最低所以由于下游河床不断降低下游水位低值也随之降低随河道变迁出现的新低水位低于原设计工况的下限低值，原控制条件就不能适应变化了的河床消能防冲效果必然差很多水闸经常发生护坦或海漫被冲坏的情况。

第二节　水力设计与防渗排水设计

一、水力设计

水闸的水力计算设计内容包括：

1.闸孔总净宽计算

水闸闸孔总净宽应根据下游闸槛形式和布置，上、下游水位衔接要求，泄流状态等因素依据规范计算确定。

2.消能防护设施的设计计算

水闸闸下消能防冲设施必须在各种可能出现的水力条件下，都能满足消散动能与均匀扩散水流的要求，且应与下游河道有良好的衔接。

底流式消能设计应根据水闸的泄流条件（特别是始流条件）进行水力计算，确定消力池的深度、长度和底板厚度等。

海漫的长度应根据可能出现的不利的水位、流量组合情况进行计算确定。下游防冲槽的深度应根据河床土质、海漫末端单宽流量和上游水深等因素综合确定，且不应小于海漫末端的河床冲刷深度。上游防冲槽的深度应根据河床土质、上游护底首端单宽流量和上游水深等因素综合确定，且应不小于上游护底首端的河床冲刷深度。

3.闸门控制运用方式的拟定

闸门的控制运用应根据水闸的水力设计或水工模型试验成果，规定闸门的启闭顺序和开度，避免产生集中水流或折冲水流等不良流态。闸门的控制运用方式应满足下列要求：

（1）闸孔泄水时，保证在任何情况下水跃均能完整地发生在消力池内。

（2）闸门尽量同时均匀分级启闭，如不能全部同时启闭，可由中间孔向两侧分段、分区或隔孔对称启闭，关闭时与上述顺序相反。

（3）对分层布置的双层闸孔或双扉闸门应先开底层闸孔或下闸门，再开上层闸孔或上闸门，关闭时与上述顺序相反。

（4）严格控制始流条件下的闸门开度，避免闸门停留在震动较大的开度区泄水。

（5）关闭或减小闸门开度时，避免水闸下游河道水位降落过快。

4.模型验证

在大型水闸的初步设计阶段，其水力设计成果应经水工模型试验验证。

二、防渗排水设计

水闸的防渗排水应根据闸基地质情况，闸基和两侧轮廓线布置及上、下游水位条件等进行，其内容应包括：

1.渗透压力计算

岩基上水闸基底渗透压力计算可采用全截面直线分布法，但应考虑设置防渗帷幕和排水孔时对降低渗透压力的作用和效果。土基上水闸基底渗透压力计算可采用改进阻力系数法或流网法；复杂土质地基上的重要水闸，应采用数值计算法。

2.抗渗稳定性验算

验算闸基抗渗稳定性时，要求水平段和出口段的渗流坡降必须分别小于规定的水平段和出口段允许渗流坡降值。

当翼墙墙后地下水位高于墙前水位时，应验算翼墙墙基的抗渗稳定性，必要时可采取有效的防渗措施。

3.反滤层设计

反滤层的级配应满足被保护土的稳定性和滤料的透水性要求，且滤料粒径分布曲线应大致与被保护土粒径分布曲线平行。

当采用土工织物代替传统石料作为滤层时，选用的土工织物应有足够的强度和耐久性，且应能满足保土性、透水性和防堵性的要求。

4.防渗帷幕及排水孔设计

岩基上的水闸基底帷幕灌浆孔宜设单排，孔距宜取1.5–3.0 m，孔深宜取闸上最大水深的0.3–0.7倍。帷幕灌浆应在有一定厚度混凝土盖重及固结灌浆后进行。灌浆压力应以不掀动基础岩体为原则，通过灌浆试验确定。帷幕灌浆孔后排水孔宜设单排，其与帷幕灌浆孔的间距不宜小于2.0 m，排水孔孔距宜取2.0–3.0 m，孔深宜取帷幕灌浆孔孔深的0.4–0.6倍，且不宜小于固结灌浆孔孔深。

5.永久缝止水设计

位于防渗范围内的永久缝应设一道止水。大型水闸的永久缝设两道止水。止水的形式应能适应不均匀沉降和温度变化的要求，止水材料应耐久，垂直止水与水平止水相交处必须构成密封系统。永久缝可铺贴沥青油毡或其他柔性材料，缝下土质地基上宜铺设土工织物带。

国家针对水利施工的重视程度不断增加，为了保证当地旱涝、农业灌溉问题的充分解决，提高经济发展水平，需要切实合理的考虑水利施工建设。国内水闸设计工程大体已经形成定规模，如淮河流域的水闸数量已经达到6000多，其功能体现在：防涝蓄水、农业灌溉；生态旅游等方面，对当地经济效益的增长具有积极影响。国内水闸一般是建立在土基之上，土基的压缩性较大，但是承载作用偏低，为此，需要充分考虑闸室倾斜、止水功效的分析。水闸泄洪环节中，由于其流速相对较低，剩余能量较大，若土基抗冲击能力下降，将会导致严重的水流冲刷现象。实践经验表明，提高渗透效果，可避免后期渗漏问题的发生。在细粉砂地基状况下，水闸设计不当，将会对两岸、闸基等产生较为严重的负面影响，需要引起设计者的重视。

水闸一般建立在土基位置处，与岩基岸边的区域相比，其差异性较为明显，一般表现为下述特点。第一、土基的压缩性明显，容易发生承载能力下降的状况，进而导致较为严重的沉降现象，引起闸室倾斜、底板断开等危害，进而会产生塑性破坏、事故问题等状况，危险度极大。第二、泄洪期间，由于水流流速在一定范围内，其剩余能量相对比例较高，抗冲击能力不足进而会引起较为严重的冲刷问题。此外，闸门下游会发生水位变化状况，会形成远驱水跃、临界水跃甚至淹没度较大的水跃。需要充分考虑各种消防设备的应用，提高其设计合理性。第三、土基渗透作用下，渗透变形问题较为严重，在粉细砂状况下，易产生渣后翻砂、冒水等问题，进而导致该区域环境恶化，一旦地震灾害发生，将会形成过于严重的水闸倾斜、倒场等事故。

从水闸工作特点出发，需要充分加强下述问题的优化。包括闸地质分析；地基条件及相匹配的闸室结构要求，提高闸体、地基的稳定性要求；加强防渗设计优化，针对河岸连接建筑体的区域进行优化讨论，加强空间防渗效果提升；提高防冲击设计，避免危害性冲刷引起的危害。

作为水闸设计的重点内容，需要切实合理的考虑地下轮廓的设计。根据地基要求进行工程特点、轮廓分析。结合防渗排水的设计要求，在下游区域加强排水反滤设计，包括：排水孔、连通要求和地基渗水特点等分析避免渗流出口区域发生构件破坏、受损、变形等现象；此外，上游区域需要考虑水平、垂直的设计要求，降低流量过大引起底板承重过强的危害，提高闸机渗流坡度的优化；避免现场工程地质状况过差、条件偏低引起的危害；砂质条件的地基中，需要充分考虑摩擦因数的影响，避免抵抗变形不足引起的危害，充分考虑渗透系数选取的精度空隙。避免轮廓区域外发生渗透变形等状况，避免渗漏问题的发生。

水闸基地渗流属于有压渗流，渗流计算对研究水闸防渗排水设计有着重要意义。渗流计算是求解渗流区域内的渗透压力、坡降、流速及渗流量的总称。进行渗流计算时一般做平面问题考虑，假定地基均匀、各向同性渗水不可压缩，并符合达西定律。对于边界条件，可按流体力学方法得出理论。

第一、齿墙。水闸底板的上游端与下游端是齿墙的主要设置位置，它的作用就是对渗径进行进一步延长，使闸室能拥有更强的抗滑稳定性，一般来说，齿墙的设置深度都在1m左右。第二、板桩。设计人员在对板桩长度进行选择时，应该根据透水层的实际埋藏深度进行针对性判断，此时要注意避免对以往工程经验的一味照搬。第三、铺盖，与齿墙功能类似，主要目的在于延长渗径参数，但是铺盖作用中，需要充分考虑柔性、透水性等基本要求。工程实践表明，当下工程中较为常见的是沥青是铺盖的主要材料，部分工程也采取钢筋混凝土作为建造材料。

排水设施的设计形式，一般包括两种：水平、垂直。前者设计中，一般位于闸基表层区域，相对深度较浅，同时其控制范围有一定要求。垂直排水中以便包括多排、一排两种形式，包括滤水井的设置，主要目的是针对深层承压水进行排除控制。根据当地地质条件和水位差要素的分析，可确定闸室、消能放冲和连接布置等重要信息。

排水体一般包括砂石等大颗粒材料，其透水效果良好。为了避免渗漏变形的危害，土基水闸一般采取平铺布置，在入口区域内进行反滤层的设置。若排水设施表面采取混凝土保护，需要在护坦布置的后身预留一定水孔。岩基表面进行建造闸施工中，需要在护坦接缝、排水孔下端进行合理设计，合理铺设排水体，整体网状结构一般采取格状设计的模式。

反滤层一般为多层布置，材料以砂石料为主，一旦遇到粉土地基条件，层数不低于4层。土工织物的适水效果需要保证其过滤能力，大规模施工范围状况下，可采取土工织物取代粒状过滤层是较为常见的处理对策。

水闸设置中。需要考虑结构物的要求，避免地基状况引起的沉降、温度变形等危害。缝隙间距需要控制在10~30m范围内，缝宽度为2 0cm左右为提高相邻建筑体的合理布置，避免沉降发生带来的危害。抗震状况要求较高的状况下，需要增加缝隙宽度。针对防渗要求较高的伸缩缝，需要加强止水结构的优化。对应止水材料、形式需要满足防渗要求、变形要求及抗腐蚀要求等方面。一般常用材料主要为紫铜片、止水带等。

从施工单位角度出发，建立适合工程项目的管理方法。加强施工技术、管理体系的优化，制定对应生产方法，加强施工监督、协调的有效控制。根据水闸特点进行规划，包括施工组、技术组、检测组等，整体组织控制管理中，以保证水闸施工质量为准则。

水闸防渗工程设计中，需要保证施工作业人员以主导人的方法进行控制，避免作业人员素质过低引起的质量缺陷问题。政府管理部门需要加强企业管理能力、管理体系的考察，制定相对合理的管理团队。其次，施工企业需要根据工程特点进行定期培养，提高团队综合作业能力。

水闸的主体结构一般包含闸室段、下游连接段和上游连接段。其中，闸室段可以通过已经安装好的闸门，对其进行机械性操作，确保水流稳定性，进而结合机械式启停操作，确保整个水流的合理控制。针对下游连接段，主要作用是：主要用于消除作用能量，并结合水流扩散的方式，对水流态不稳定的现象进行分析，从而防止下游水产生的不利影响。而对于上游连接段结构部分而言，其主要起到引导水流的作用，使得水流能够平顺且均匀的进入到水闸内部，并能够起到防渗和防冲的效果，主要涉及的构成部分主要包含两岸的翼墙及铺盖部分等。

闸底板。作为整个闸室结构的基础部分，其主要承担了均匀承受闸室荷载压力的作用。同时其能够将所承受的力进行传递，对整个的闸室部分起到关键的防止冲刷和防渗等关键的工作。此外，闸室板之间可以通过底板及地基基础之间的摩擦力，使得整个闸底板结构稳定性加大。

闸墩。其主要将闸孔进行分离，并能够对胸腔和闸起到一定的支撑作用，加上闸底板结构可以通过发挥其与底板结构的连接作用，有效的改变地基基础的摩擦形式，从而使得整个的底板结构更加稳定，在交通桥与工作桥之间的连接部分，需要闸墩作用支撑体系，保障整体结构的承载力稳定性。此外，在闸墩的设计中，应对整个的半圆形或者流线型的形态进行分析，确保胸墙壁和闸门之间能够满足实际的需求确保其闸墩的长度。

胸腔。主要位于闸室孔上部结构中。其具备一定的挡水功能，并且胸墙结构的顶部高程应与闸墩的顶部高程致，并且要根据孔口结构的稳定性，适当进行调整。同时在闸孔的跨度较小的状态下，要以板式的胸腔为首选的方案进行分析。

工作桥。为了施工技术人员的施工方便，对工作桥进行设计，一般设置在对应的闸墩上，确保其使用过程中的安全性及稳定性。一般情况工作桥结构应选择对应的板式结构，而对于大中型水闸来说，一般选择梁板结构。

交通桥。按照公路的线性要求，应对公路桥的设置标准，设置规范性的公路桥，公路桥的基本结构形式应以跨度较小的水闸结构为准，优先选择板式结构的交通桥，并对于跨中的水闸工程来说，应优先选择T型梁结构，如预应力钢筋混凝土结构等。

在水闸作用下，实现了挡水功能，同时由于产生了上下游对应的水位差，因此在水位差的影响下，会导致水闸发生自高水位向低水位的滑动问题，同时由于水闸的渗流问题的发生，往往会导致水闸的主体结构发生变化，进而导致其结构的抗滑稳定性逐步地减弱，这样对于整体结构的稳定性来说具有一定的影响。由此，可以分析出渗流发生后，产生的不良影响主要涉及：其一，严重的渗漏现象会导致水闸中的模量损失，并对水闸的结构主体地基基础等土壤结构造成不良的影响。其二，在水闸闸基础渗流的过程中，会导致闸低基础的渗透压力发生变化，进而导致闸室的有效重量逐步地减少。因此在水闸的建设过程中，应针对上游部分所能够提供的防治措施，制定标准化的防渗措施。

其一，从防渗的装置及设备的使用状况看，一般情况下，常见的防渗装置有齿墙、板桩及水平铺盖。对于齿墙而言，其能够同底板结构的横向体系相互联系，有效的提升横向的刚度，并促进闸室主体结构的抗滑稳定性。对于板桩来说，其需要根据现场施工过程中主体结构的尺寸等，形成稳固的防渗墙，降低渗透的坡降等。对于水平的铺盖来说，应使用黏土，针对防渗要求，对整体的结构做接缝处理，此外止水方案可以划分为两种，首先是水平缝止水，其主要设置在对应的底板结构中，同时要设置对应的水平缝及翼墙连接结构。其次，垂直缝止水，其主要以闸墩为主要的设置隔离带，需要在焊接加固的过程中，杜绝渗漏现象的发生。

其二，在排水的布置上看，在水闸结构中设置排水布置主要是将闸基础中的渗透水作用，并排至下游中，通过此种排水布置方式，可以达到减小渗透压力的作用，并且能够有效地结合地基渗透破坏过程中出现的问题，进行平铺式方案的确定。具体化的实施方案中，应首先结合砾石或者卵石的直径，将其铺筑在护坦的下方，并能够保持整体结构的稳定性，设置对应的排水层，并且结合铺设的厚度，控制在20.0~30.0cm，同时应结合闸基础中的渗流的现象的影响，对排水层和地基直接接触的渗流部位及位置最易发生渗透变形的问题区域进行分析，并在实际的施工中，可以设置对应的反滤层，以保证使用无纺土工布用作反滤排水处理，此外应达到相应的渗水排水效果。

施工工艺和施工进度受天气、温度、环境的影响，若施工出现质量问题，会导致渠道渗漏。基础处理不到位，会引起岸坡产生不均匀沉降，进而导致衬砌结构出现裂缝；浆砌石砂浆不饱满，强度达不到设计要求；模板安装放样出现偏差、混凝土浇筑出现缺陷、接缝处理不当等。以上情况均会使渠道产生渗漏现象，造成水资源的浪费，促使地下水位上升，土壤盐碱化，影响工程的安全与正常运行。

灌溉渠道周围多为村庄、农田和果园等，一些根系发达的植物离渠边较近，根系侵入渠道内，根系作用会造成渠道衬砌产生裂缝。渠道周围的小动物如蚂蚁、老鼠等打洞，洞穴可能会形成渗漏通道，对渠道产生安全隐患。渠道穿村段，经常会有村民就近向渠道倾倒垃圾，渠道衬砌结构遭到破坏，产生渗漏。堤顶交通超负荷运行，造成渠道变形渗漏。

对于土料防渗施工技术来说，具有成本低、就地取材、可充分利用碾压设备与施工简单的优势，但存在着抗冻性能较差、耐久性不足等问题，多适用于气候温和的地区且流速小的中小型渠道。由于后期养护成本较大，目前土料防渗技术已不适用于大范围使用。施工过程中，对土料原材料进行充分处理是土料防渗的关键因此，首先要对采用的土料加以粉碎，将土料中的杂物及有机质多的表层土进行过筛，清理干净。此外，在防渗层达到设计规定厚度时，要分层铺筑，并进行严格的养护，以确保节水功效。

混凝土衬砌是目前普遍采取的一种渠道衬砌方法，具有防渗效果好、糙率小、抗冲性强、强度高、使用寿命长、模塑性好等特点，但是适应变形能力差、造价相对较高。施工方法分为现浇和预制两种，前者具有接缝少、造价较低等优点，后者受气候影响小，但是板缝较多，勾缝处置不合适容易造成严重渗透破坏。因此，在施工过程中要首先要处理好基础面，渠道基础面压实度要满足设计要求，尽量避免超挖，如果出现超挖情况，可选择和现浇同标号的混凝土进行回填；其次要严格控制混凝土浇筑质量，模板拼装要按照规范和标准的要求实施，模板面尽可能平整，不要出现漏浆现象，浇筑完成后要加强对混凝土的养护；同时，要处理好半挖半填渠道新老部分土体结合部位的施工，妥善处理好缝间止水问题。

沥青防渗效果明显，且对工程中发生的裂缝具有自愈能力、可适应较大变形、防冻胀能力较强、老化速度慢等特点，但其施工工艺要求严格，较薄的沥青混凝土防渗层存在植物穿透问题，目前常采取的沥青材质护面主要有沥青混凝土、埋藏式沥青薄膜和沥青。沥青混凝土稳定性是在加热的基础上，对碎砂石、沥青等材料进行搅拌，从而制作成为防渗材料，稳定性高，耐久性强。埋藏式沥青薄膜法，要对渠道底进行压实处理，在除草后也要做好平整工作，并铺设相应的保护层来避免沥青出现老化等问题。沥青席法是在苇席等上涂抹沥青，并将其制作成为卷材，在施工中通过沥青来实现有效连接，从而避免出现漏洞等现象。

随着材料工程技术的不断发展，膜料防渗技术得到了较快的发展，并被广泛应用于水利工程渠道防渗施工中。膜料防渗技术材质轻、耐腐蚀性强、防渗性能好、施工简单、适应能力较强、施工成本较低，但其不耐刺、易老化、与土黏结性差，不利于边坡稳定。在渠道膜料防渗施工过程中，应保证膜料防渗的边坡稳定和膜层的绝对完整，并且在膜料铺设过程中，必须使膜料与基槽紧密吻合且平整，不要拉得太紧，将膜料留有均匀小褶皱，以增强膜料的抗冲击能力，更好地实现渠道的节水效果。

防渗渠道的设计要根据灌区面积、作物布局、地下水位以及渠道地形和土壤条件等因素，通过水力计算确定渠道的断面尺寸。确定断面尺寸后，要对渠道平均流速进行复核，满足渠道不冲不淤要求。渠道的断面型式对渠道的强度、渠道的整体性和使用年限有直接影响。常用的断面型式主要有梯形断面、U型断面和矩形断面，土渠宜采用梯形断面，混凝土或石渠宜采用矩形或U型断面。U型渠道具有整体性好、强度高、各部位受力均匀、开口小、占地少等特点，混凝土板由专门的U形板成型机预制，施工方便，防冻胀效果好，多用于小型渠道。梯形渠道适用于大中型U型渠道施工机械设备短缺或无U型渠道施工条件的地区。提出了一些复台断面型式，如弧形坡脚和弧形底的梯形断面，分别适用于中型渠道和地下水埋深较浅的大中型渠道。

要充分考虑当地的自然环境和气候条件，根据渠道的实际情况，经过方案比较，确定因地制宜的防渗方法。如严寒地带在满足渠道防渗的条件下采取渠道的抗冻胀措施、在多泥沙渠道设计中要考虑渠道的输水输沙能力、纵比降较大的渠道在防渗的同时要采取抗冲措施等。尽量选择当地资源比较丰富的材料进行防渗，以降低成本，达到经济效益与防渗效果的最大化。同时要考虑防渗效果好、经久耐用、防冻胀能力强、防淤抗冲能力高、施工方便、质量容易保证且后期管理维修方便。

渠道的安全运行离不开日常的维护管理，因此要加强对渠道运行状况的观测，健全渠道的巡视检查制度，对容易出现问题的地方要重点检查，发现隐患或险情要及时报告处理。在渠道输水运行过程中，要避免过度用水导致水位超过混凝土板而通过边坡渗入地下，使渠基土被水冲刷而导致边坡防护产生破坏，同时要防止渠内水位骤升骤降，致使渠坡产生较大的水压力而破坏。在停止输水期间，要对渠内进行检查，在鼠蚁有可能出现的渠段按照蚁穴、兽洞的防治方法做好防治工作，对渠堤沿线生长的杂草进行及时清理。

第三节　结构设计

一、施工设计

水闸结构设计应根据结构受力条件、工程施工及地质条件进行，其内容应包括荷载及其组合，闸室和岸墙、翼墙的稳定计算，结构应力分析。

水闸混凝土结构除应满足强度和限裂要求外，还应根据所在部位的工作条件、地区气候和环境等的情况，分别满足抗渗、防冻、抗侵蚀、抗冲刷等耐久性要求。

1.荷载计算及组合

作用在水闸上的荷载可分为基本荷载和特殊荷载两类。

（1）基本荷载

基本荷载主要有下列各项：

1）水闸结构及其上部填料和永久设备的自重；

2）相应于正常蓄水位或设计洪水位情况下水闸底板上的水重；

3）相应于正常蓄水位或设计洪水位情况下的静水压力；

4）相应于正常蓄水位或设计洪水位的扬压力（即浮托力与渗透压力之和）；

5）土压力；

6）淤沙压力；

7）风压力；

8）相应于正常蓄水位或设计洪水位情况下的浪压力；

9）冰压力；

10）土的冻胀力；

11）其他出现机会较多的荷载等。

（2）特殊荷载

特殊荷载主要有下列各项：

1）相应于校核洪水位情况下水闸底板上的水重；

2）相应于校核洪水位情况下的静水压力；

3）相应于校核洪水位情况下的扬压力；

4）相应于校核洪水位情况下的浪压力；

5）地震荷载；

6）其他出现机会较少的荷载等。

水闸在施工、运用及检修过程中，各种荷载的大小及分布情况是随机变化的，因此设计水闸时，应根据水闸不同的工作条件和荷载机遇情况进行荷载组合。荷载组合的原则是：考虑各种荷载出现的概率，将实际上可能同时出现的各种荷载进行最不利的组合，并将水位作为组合条件。规范规定荷载组合可分为基本组合和特殊组合两类。在基本荷载组合中又可分为完建情况、正常蓄水位情况、设计洪水位情况和冰冻情况4种；在偶然作用效应组合中又可分为施工情况、检修情况、校核洪水位情况和地震情况4种。由于地震荷载与设计洪水位、校核洪水位遭遇的概率很小，因此规范规定地震荷载只与正常蓄水位情况下的相应荷载组合。

2.闸室稳定计算

闸室稳定计算宜取两相邻顺水流向永久缝之间的闸段作为计算单元。

（1）土基上的闸室稳定计算

应满足下列要求：

在各种计算情况下，闸室平均基底应力不大于地基允许承载力，最大基底应力不大于地基允许承载力的1.2倍，闸室基底应力的最大值和最小值之比不大于规范规定的允许值，沿闸室基底面的抗滑稳定安全系数不小于规范规定的允许值。

（2）岩基上的闸室稳定计算

应满足下列要求：

在各种计算情况下，闸室最大基底应力不大于地基允许承载力，在非地震情况下，闸室基底不出现拉应力；在地震情况下，闸室基底拉应力不大于100 KPa；沿闸室基底面的抗滑稳定安全系数不小于规范规定的允许值。

3.结构应力计算

水闸结构应力应根据各部分结构布置形式、尺寸及受力条件等进行。开敞式水闸闸室底板应力可按下列方法选用：

（1）土基上水闸闸室底板的应力分析可采用反力直线分布法或弹性地基梁法；相对密度小于或等于0.50的砂土地基，可采用反力直线分布法；黏性土地基或相对密度大于0.50的砂土地基，可采用弹性地基梁法。

（2）当采用弹性地基梁法分析水闸闸室底板应力时，应考虑可压缩土层厚度与弹性地基梁半长之比值的影响。当比值小于0.25时，可按基床系数法（文克尔假定）计算；当比值大于2.0时，可按半无限深弹性地基梁法计算；当比值为0.25~2.0时，可按有限深的弹性地基梁法计算。

（3）岩基上水闸闸室底板的应力分析可按基床系数法计算。

混凝土工程的施工宜掌握以闸室为中心，按照“先深后浅、先重后轻、先高后矮、先主后次”的原则进行。

水闸底板有平底板与反拱底板两种，平底板为常用底板。平底板的施工总是底板先于墩墙，而反拱底板的施工一般是先浇墩墙，预留联结钢筋，待沉降稳定后再浇反拱底板。

水闸平底板的混凝土浇筑，一般采用逐层浇筑法。但当底板厚度不大，拌合站的生产能力受到限制时，亦可采用台阶浇筑法。

平底板混凝土的浇筑，一般先浇上、下游齿墙，然后再从一端向另一端浇筑。当底板混凝土方量较大，且底板顺水流长度在12m以内时，可安排两个作业组分层通仓浇筑。首先两组同时浇筑下游齿墙，待齿墙浇平后，将第二组调至上游齿墙，另一组自下游向上游开浇第一坯底板。上游齿墙组浇完，立即调至下游开浇第二坯，而第一坯组浇完又调头浇第三坯。这样交替连环浇筑可缩短每坯间隔时间，加快进度，避免产生冷缝。

钢筋安装方法有整装法和散装法。工程中使用的钢筋直径在30mm以内时，一般可采用整装法。

施工缝的位置应设在结构受力较小的部位，易于凿毛和清理，并考虑对外观质量的影响。施工缝的处理应符合下列规定：

可采用凿毛、冲毛或刷毛等方法处理、清除表层的水泥浆薄膜和松散软弱层，并冲洗干净，排除积水。

混凝土强度达到2.5MPa后，方可进行浇筑上层混凝土的准备工作；浇筑前，水平缝应铺厚10~20mm的同配合比的水泥砂浆，垂直缝应随浇筑层刷水泥浆或界面剂。

二、施工质量

为了适应地基的不均匀沉降和伸缩变形，在水闸设计中均设置温度缝与沉降缝，并常用沉降缝代温度缝作用。缝有铅直和水平的两种，缝宽一般为1.0~2.0cm。缝中填料及止水设施，在施工中应按设计要求确保质量。

1.沉降缝填料的施工

沉降缝的填充材料，常用的有沥青油毛毡、沥青杉木板及泡沫板等多种。

2.止水材料种类

常用的止水材料有紫铜片、橡胶、聚氯乙烯（塑料）等。

紫铜止水片的制作同符合下列规定：

（1）清除表面的油渍、浮皮和污垢。

（2）宜用压模压制成型，转角和交叉处接头，宜在加工厂制作，并留有适当长度的直线段，以利现场搭接；接缝应焊接牢固。

（3）双面焊其搭接长度不应小于20mm。

（4）长时间外露应加强防护措施。

塑料和橡胶止水带应避免油污和长期暴晒。塑料止水片的接头宜用电热熔接牢固。橡胶止水带的接头可用氯丁橡胶粘接，其搭接长度不应小于100mm，重要部位应热压粘接。

止水片的安设宜嵌固，不应使用钉子。紫铜止水片的沉降槽，应用聚乙烯闭孔泡沫板条或沥青灌填密实。对于沥青灌填密实的水平紫铜止水片的凹槽应向上，以便于沥青灌填。

3..止水缝部位的混凝土浇筑

浇筑止水缝部位混凝土的注意事项包括：

(1)水平止水片应在浇筑层的中间，在止水片高程处，不得设置施工缝。

(2)浇筑混凝土时，不得冲撞止水片，当混凝土将淹没止水片时，应再次清除其表面污垢。

(3)振捣器不得触及止水片。

(4)嵌固止水片的模板应适当推迟拆模时间。

采用平面闸门的中小型水闸，在闸墩部位都设有门槽。为了减小启闭门力及闸门封水，门槽部分的混凝土中埋有导轨等铁件，如滑动导轨、主轮、侧轮及反轮导轨、止水座等。这些铁件的埋设可采取预埋及留槽后浇混凝土两种方法。

小型水闸的导轨铁件较小，可在闸墩立模时将其预先固定在模板的内侧，闸墩混凝土浇筑时导轨等铁件即浇入混凝土中。由于中型水闸导轨较大、较重，在模板上固定较为困难，宜采用预留槽，用浇二期混凝土的施工方法。

水闸结构分析传统做法都是将闸室中的底板和闸墩分开计算将闸墩简化为悬臂梁用材料力学或结构力学方法进行内力计算，而水闸底板一般采用截条法简化为基础然后用查表的方法进行相应的内力计算。这种方法简单，但难以反映出结构的整体作用，有时与实际情况相差很大。

目前采用的方法有了很大的进步，一般可以根据水闸结构的特点，按两种结构模型将其简化。一种是同样采用截条法，但将闸墩、底板和地基作为一个整体简化为弹性地基上的平面框架结构，采用数值法或半解析法进行计算。这种模型可以在平面内考虑闸墩、底板和地基的相互作用，但无法考虑结构的空间效应。另一种是将整个水闸底板和地基作为一个整体简化为弹性地基上的基础板采用数值法或半解析法进行计算。这种模型可以考虑底板和地基的整体空间作用，但闸墩的作用只能用等效刚度来反映。当有抗震要求时，可按规范规定选取拟静力法或动力法进行抗震设计和计算。

闸室稳定计算宜取两相邻顺水流向永久缝之间的闸段作为计算单元，分析水闸在施工和运行过程中可能出现的工作情况，并选出其中起控制作用的情况作为闸室稳定性的计算条件。地基整体稳定分析应根据地基情况、结构特点及施工条件进行。在各种运行工况下水闸地基应能满足承载力、稳定和变形的要求。设计方案比选比较也是水闸设计中是必不可少的重要组成部分。设计方案比较主要是根据所获得的基本资料(水文、气象、地形、地质、规划、社会经济等),在满足水闸功能及总体布置要求的前提下,从技术特性和经济性两方面进行多种设计方案的比较。将每个方案的优缺点分别列出,综合比较,最终选定设计推荐方案。整个分析主要包括:水闸的水力分析、闸室的结构计算地基沉降、闸基的稳定。

随着计算机硬件和软件技术的飞速发展,机器存储容量和计算速度的迅速提高,三维有限元法得到了越来越广泛的应用,它有着其他方法无可比拟的优点。以往的结构计算,对复杂的结构分析只能进行简化分析,三维有限元方法可以正确和精细地模拟复杂的水闸结构布置,准确地模拟荷载工况和约束条件。三维有限元法能够适用于各种型式的水闸分析,可以考虑软土地基的不均匀沉降、温度荷载、地震荷载的作用,可以反映水闸闸墩、底板在各种不同荷载工况下的应力分布规律,仿真分析水闸混凝土构件的开裂、屈服区域,模拟水闸配筋的效果等。

早期的有限元软件实质上只是进行结构数值计算的软件,其程序主要由单元分析、组装和求解组成,缺乏前后处理功能,可视化功能很低;从软件的功能上说,它解决问题的范围较窄、规模较小、适应性较差。这些特点,使得有限元软件对用户的要求很高用户不但要熟悉有限元方法及其应用本身,而且还要对软件的输入方式、数据格式等有深入的了解。因此,这种软件用户本身就是软件的开发者,软件得不到广泛应用,而且因为缺乏前处理和交互功能,输入数据得不到及时的检查,造成很多不必要的麻烦。

随着计算机软硬件技术的日新月异和图形图像处理技术的发展,有限元前后处理技术得到了飞速的发展,使得用户更加容易学习和掌握有限元分析技术,减少了人工生成和输入有限元模型的工作量和计算量,提高了分析、整理结果的速度,减少了差错的机会。但是这些软件都是一些通用性强的大型结构分析软件,包含了电子、机械、化学、航天、土木等众多领域在处理水利工程结构计算工作时不能充分发挥其优势数据处理时,仍需输入较多辅助信息。十分不便于水工结构设计人员使用。水闸属于薄壁结构,一般承受较大弯矩。工程中需要对其配筋。现在的配筋主要假定控制截面,求取截面内力,根据水闸设计规范进行计算配筋。而钢筋混凝土是一种很复杂的材料,同时具有开裂、压碎、塑性等诸多复杂力学行为,在三维条件下这些力学行为更加难以确定。采用三维有限元程序可以计算出正确的应力分布,再根据规范进行配筋,这样更合理水闸挡水时在闸上下游形成的水头差作用下会产生通过闸基及两岸的渗流,对水闸底部产生渗透压力抵消水闸的有效重量对闸室及两岸连结建筑物的稳定不利。土基或细砂地基的抗剪强度低,压缩性很大,而且往往分布不匀,在闸室重量及外荷载的作用下,地基可能产生过大的沉陷或不均匀深陷。以往的稳定计算是根据规范中的公式来计算这不能反映水闸的整体工作状态尤其是地基对水闸的作用。采用有限元计算可以考虑水闸与地基的联合作用，准确地反映水闸的实际工作状态。

第四节　地基计算及处理

水闸地基计算应根据地基情况、结构特点及施工条件进行，内容应包括地基渗流稳定性验算、地基整体稳定计算和地基沉降计算。在各种运用情况下，水闸地基应能满足承载力、稳定和变形的要求。地基渗流稳定性验算应按照规范规定进行。

地基处理设计：

1.岩基处理

岩基处理设计应满足下列规定：

(1)对岩基中的全风化带宜予清除，强风化带或弱风化带可根据水闸的受力条件和重要性进行适当的处理。

(2)对裂隙发育的岩基，宜进行固结灌浆处理。固结灌浆孔可按梅花形或方格形布置，灌浆压力应以不掀动基础岩体和混凝土盖重为原则。

(3)对岩基中的泥化夹层和缓倾角软弱带应根据其埋藏深度和对地基稳定的影响程度采取不同的处理措施。

(4)对岩基中断层破碎带应根据其分布情况和对水闸工程安全的影响程度采取不同的处理措施，通常以开挖为主，并用混凝土回填。在灌浆帷幕穿过断层破碎带的部位，帷幕灌浆孔应适当加密。

2.有溶洞或溶沟的情况

对地基整体稳定有影响的溶洞或溶沟等，可根据其位置、大小、埋藏深度和水文地质条件等，分别采取压力灌浆、挖填等处理方法。

3.土基处理

土基常用处理方法可根据水闸地基情况、结构特点和施工条件，采用垫层法，强力夯实法，震动水冲法，桩基础、沉井基础处理法中一种或多种处理方法。

我国国土面积的特点之一是跨经纬度的范围广泛，不同的地方地质条件的差异性很大，如冻土地，洼地，软土地等等。在气候条件的不断作用下，出现很多地址灾害，如：地震，洪水，泥石流，滑坡等，其复杂性在很大程度上影响了建筑中地基处理的施工工作。

目前，我国建筑工程整体上表现为质量差的迹象大多的建筑的地基处理不合理，导致频有坍塌事件的发生，这些都严重威胁着我们的生命财产和安全问题，使得国家经济受到严重的损失，往往代价的巨大的。

建筑工程的整个施工过程是相互联系，每个环节都是紧密相连的，面对在建筑中对地基的处理所存在的问题，由于不能进行有效的预防和及时发现问题的症结，这些问题都会给地基的处理埋下潜在的祸患，加大建筑工程的施工中的不安全因素，最终影响建设工程的质量。

地基是建筑工程的基础施工环节，一旦房屋地基正式投入使用在以后的建筑施工中一旦发现地基施工中埋下的隐患问题，就会加大建筑施工处理的难度，不仅需要投入巨大的资金来处理，处理不当时还会给国家财产和公民财产带来巨大的损失。

在建筑工程质量的治理工作中，需要对建筑的局部问题时采取必要的手段，然后进行一步步调整，如果想最后的建筑效果能超出预期计划，就要把建筑的地基处理工作牢牢做到踏实和稳固，因为房屋的建筑中的地基处理工作关系到整个建筑工程的根基，由于地基处理大部分在地下工作中实现，因此一旦有事故发生，会加大处理难度，同时地基处理中出现问题也会对建筑上部结构性能产生严重的影响，甚至使建筑工程产生严重的质量问题。

根据建筑地下环境进行地基处理，其施工原理是利用换填、夯实、挤密或振密、排水固结、胶结、冷热处理等方法对地基进行加固。进步细分来看地基处理技术还包括地基加固技术、桩基技术以及辅助的地下连续墙技术。地基加固技术的主要目的是增强土地基的承载力，在防止沉降变形方面起到预防作用；这项技术的主要作用是把上部的荷载力传导到地基部位，通过缓冲来消解冲击力；相对有辅助作用的地下的连续墙技术主要是来提供侧向支护。在地基的处理方法中，针对改良地基土提高地基的抗剪切强度有几种降低地基的压缩性，通过改善地基土壤的适水，终极目的是使地基土的环境更快地适应加固地基的目的。

工程开工动土之前必须具备现场的地质的调研资料，组织安排好施工工艺流程和安全技术指标及措施，对现场存在的隐患应制定相关的预警处理方案。同时，根据现场环境检查“三通一平”及临时设施的准备情况，掌握现场周边区域内的地下管线和构筑物等分布情况。据施工现场的便利情况和工程量计划配置施工机械设备的型号和数量施工材料的选购及进场需严格控制质量从源头上把关。

我国在建筑地基处理技术上已初步摸索出一套新理论和新方法。但在实际施工中的体现仍有待于提高，缺乏统一的相关规范和标准。方开挖前，先放好基础边线和土方开挖线，并将其引到基坑以外不会被破坏的地方。土方开挖时施工测量人员严格控制标高，严禁超挖。按施工图计算准确下料单，根据钢材定尺长度统筹下料。绑扎前要清扫模板内杂物和砌墙的落地砂浆灰模板上弹好水平标高线。绑扎结束后应保持钢筋清洁。模板的接缝不应漏浆。木模与支撑系统应选不易变形、质轻、韧性好的材料不得使用腐朽、脆性和受潮湿易变形的木材。浇筑时应以最少的转载次数和最短的时间从搅拌地点运至浇筑地点，使用振捣器时，要轻拔快插捣有序，不漏振，每振捣的延续时间应使砼的表面呈现浮浆和不在沉落，等地基施工阶段，所使用的材料物资必须有出厂合格证，材质单等，强度必须达到设计要求。桩位正确，桩身垂直，接桩偏差均应控制在规范允许的误差范围内。桩基按有关规定必须做单桩静载试验。必需在沉桩施工停止15天以后，待土的强度恢复即可进行试验程序，并要严格控制预制桩桩头进入基坑内必须预留有一定的锚固长度。接桩焊缝牢固，无缺、漏焊现象，入土中铁件必须刷防腐漆处理。操作进尺均匀，记录必须真实可靠。另外，严格控制封桩混凝土的浇筑质量，确保混凝土振捣密实，强度准确，满足设计要求。混凝土必须按要求留试块，检验混凝土强度。

DDC灰土挤密法的原理是利用孔内深层的强夯法在配合螺旋钻机的前提下将灰土分层注入孔内，同时进行反复锤击桩工作，来进一步扩大桩径，最后与桩间部分土形成一个复合地基。要想使湿陷性的黄土打孔结构产生变化，需要通过地基土湿陷性来处理这种方法能最大限度减小地基土的变形，进步的提高地基土的承载力。在实施的过程中需要注意的问题是：在非黄土地区，DDC灰土挤密法在施工中的效果不佳。DDC灰土挤密法最适用于湿陷性黄土地上做地基处理。

粉煤灰的最大特点透水性强，这种方法主要应用在加固处理冲填土的地基处理上，粉煤灰法能加速冲填土的固结，进一步缩减工期，加固处理费也会明显降低。在具体实际的建筑施工中，一定要注意粉煤灰和淤泥的混合比例，确保其均匀混合，从而达到改善土壤的固结性。强制固结法最大优势最大限度地提高固结率。加压系统和排水系统作为强制固结法中的重要环节，在有效运用真空压力的同时，进步缩减堵截的时间，从而更好地实现加固。同时在一定程度上也起到了扩大排水通道的作用。因此，加快固结的速率有利于缩短工程工期，更加保证了混凝土的施工质量。

地基处理方法已经被列为世界性的建设领域的难题，也是今后主要的研究方向。在建筑工程施工技术日益发展的今天，地基处理技术也日益趋向于计算机化和复合型。目前的综合性复合地基处理技术的研究已经在突破了基于加固机理研究重于作用机理和功能叠加的束缚，更加侧于综合效应考虑，力求实现乘数效应。又如，复合地基的计算理论，原先的复合桩基承载力计算由于引入的参数过多，极易导致数据的失真，而对地基变形的计算也由于将桩土分开考虑导致数据计算因不够全面而出现失误，往往浪费了大量的宝贵时间而利用计算机在数值分析上的优势如三维数值、设计软件等，不仅能提高桩基承载力和变形系数计算的精确度，而还能大大提高工程设计的质量和效率。

第四章　基于CATIA的水利水电工程三维可视化设计

随着水利水电行业的发展，工程竣工后传统的二维图纸档案交付给业主的方式，已经不能满足业主对工程信息化、智能化、集约化、标准化等的需求。在水利水电工程设计中采用三维设计技术，并实现设计成果三维数字交付可以有效提高工程的管理水平。本章就对水利水电工程的三位可视化设计展开讲述。

第一节　三维几何造型

三维几何造型是将点、线、面、体等几何元素，通过平移、旋转、变比等几何变换和并、交、差等集合运算，产生实际或想象的物体模型。三维实体表达主要有基于曲面表示和基于体元表示的两类数据结构。前者在表达空间对象的边界。可视化和几何变换等方面具有明显的优势，而后者则能更好地表达空间对象的内部信息。三维几何造型是工程和产品CAD/CAM中的核心和基础。本节首先讨论形体的计算机表示形式和数据结构，然后介绍常用的三维几何造型方法。

一、几何元素

1.点

点是0维几何元素，分为端点、交点、切点和孤立点等。在自由曲线和曲面的描述中常用三种类型的点，即：

（1）控制点。用来确定曲线和曲面的位置和形状，而相应曲线和曲面不一定经过的点。

（2）型值点。用来确定曲线和曲面的位置和形状，而相应曲线和曲面一定经过的点。

（3）插值点。为提高曲线和曲面的输出精度。在型值点之间插入的一系列点。

点在几何造型中是最基本的元素，自由曲线、曲面或其他形体均可用有序的点集表示。用计算机存储、管理、输出形体的实质就是对点集及其连接关系的处理。

2.线

线是1维几何元素，是面与面之间的交集。直线由其端点定界；曲线由一系列型值点或控制点表示，也可用显式、隐式方程表示。

3.面

面是2维几何元素，是形体上一个有限、非零的区域，由一个外环和若干个内环界定其范围。一个面可以无内环，但必须有一个且只有一个外环。面有方向性，一般用其外法向矢量方向作为面的正向。面的方向性在面面求交、交线分类。真实图形显示等方面很重要。在几何造型中常分为平面、二次面、双三次参数曲面等形式。

4.环

环是有序，有向边（直线段或曲线段）组成的面的封闭边界。环中的边不能相交、相邻两条边共享一个端点。环有内外之分，确定面的最大外边界的环称为外环，通常其边按逆时针方向排序；确定面中内孔边界的环称为内环，通常其边按顺时针方向排序。

5.体

体是3维几何元素，由封闭表面围成的空间，也是欧氏三维空间中非空，有界的封闭子集，其边界是有限面的并集。为了保证几何造型的可靠性和可加工性，要求围绕任意一点的形体邻域在二维空间中能构成一个单连通域，把满足这个定义的形体称为正则形体，否则称为非正则形体。非正则形体的造型技术将线框、表面和实体模型统一起来，可以存取维数不一致的几何元素，并可对维数不一致的几何元素进行求交分类，从而扩大了几何造型的形体覆盖域。

6.体素

体素是可以用有限的尺寸参数定位和定形的体，常有三种定义形式：

（1）从实际形体中选择出来，可用一些确定的尺寸参数控制其最终位置和形状的一组单元实体，如长方体、圆柱体、球体等。

（2）由参数定义的一条（或一组）截面轮廓线沿一条（或一组）空间参数曲线作扫描运动而产生的形体。

（3）由几何信息和拓扑信息定义，几何信息用以表示几何元素的性质和度量关系，如位置、大小、方向等；拓扑信息用以表示几何元素之间的连接关系。

二、表示形体的线框、表面、实体模型

1.线框模型

线框模型是用顶点和棱边来表示的形体，是CAD/CAM领域中最早用来表示形体的模型。其特点是结构简单、易于理解，是表面模型和实体模型的基础。如对于一个长方体，给出其八个顶点的坐标和十二条棱边，长方体的形状和位置在几何上就被确定了。对于多面体而言，用线框模型表示是很方便的，因为图形显示的内容主要是棱

边。但对非平面体，如圆柱体，球体等，用线框模型存在一定的问题，其一是曲面的轮廓线随视线方向的变化而改变；其二是线框模型给出的不是连续的几何信息（只有顶点和棱边），不能明确地定义给定的点与形体之间的拓扑关系（如点在形体内部、外部或表面上），以至不能用线框模型处理CAD/CAM中的一些问题，如剖切图、消隐图、明暗色彩图、物性分析、干涉检查等。

2.表面模型

表面模型（Surface）是用有向棱边围成的部分来定义形体表面，由面的集合来定义形体。表面模型是在线框模型的基础上，增加有关面边（环边）信息以及表面特征、棱边的选择方向等内容。从而可以满足面面求交、线面消隐、明暗色彩图等实际应用问题的需要。但在此模型中，形体究竟存在于表面的哪一侧，没有给出明确的定义，因而在物性计算，有限元分析等应用中，表面模型在形体的表示上仍然缺乏完整性。

3.实体模型

实体（Solid）模型在表面模型的基础上，定义了表面外环的棱边方向（一般按右手规则为序）。明确了表面的哪一侧存在实体，在表面模型的基础上可用三种方法来定义：一是在定义表面的同时，给出实体存在侧的一点P；二是直接用表面的外法向矢量来指明实体存在的一侧；三是用有向校边隐含地表示表面的外法向矢量方向。实体模型最大的优点是能进行有限元分析计算，并基于集合运算（合、并、差等）构造出新的三维实体模型。

三、三维参数化实体造型技术

参数化实体造型技术通过约束来确定和修改三维实体几何模型，约束包括尺寸约束、拓扑约束和其他工程附加约束。设计时需要考虑的因素全部在约束中体现出来。实现参数化的参数组与约束之间保持一定的关系。当设计者对参数进行修改时，必须首先满足约束条件，输入修改后的参数后，无需再次建立约束关系便可得到一个新的几何造型。

三维参数化实体造型技术很好地体现了现代设计中的概念设计、并行设计、CAD/CAE/CAM一体化的思想。设计者可以通过修改最初的设计参数来实现对产品的修改和设计，而不必运行产品设计的全过程来更新设计，能提高已有设计模型的循环使用效率，故设计者在概念设计阶段能够完全摆脱具体尺寸的约束；由于具有数据相关特征，在整个设计过程中只要任何一处的参数发生改变。工程二维图会立刻发生相应改变；三维实体模型不仅记录了模型的全部几何信息，而且还包括标示模型的材质、色彩、工艺等方面的属性信息，可大大扩展模型的后续应用范围，如由模型进行物体的碰撞干涉检查，结构有限元分析等。

1.参数化驱动原理

参数化设计所具有的参数驱动机制是基于对图形数据的操作，通过参数驱动机制，可以对图形的几何数据进行参数化修改，且需要满足图形的约束条件和约束间关联性的驱动手段（约束联动）。其中，约束联动是通过约束间的关系实现驱动的方法。对一个图形，约束可能十分复杂，数量很大，但实际由用户控制的、能够独立变化的参数一般只有几个。称为主参数或主约束；而其他约束则可根据图形结构特征或与主约束之间的关系确定，称为次约束。对主约束不能简化。对次约束的简化有图形特征联动和相关参数联动两种方式。

所谓图形特征联动就是在保证图形拓扑关系不变的情况下，对次约束的驱动，亦即保证连续、相切、垂直、平行等关系不变。反映到参数驱动过程就是要根据各种几何相关性准则去判识与主动点有上述拓扑关系的实体及其几何数据，在保证原关系不变的前提下，求出新的几何数据，这些几何数据称为从动点。从而使得从动点的约束与驱动参数建立了联系，依照这一联系，从动点得到了驱动点的驱动，驱动机制则扩大了其作用范围。而相关参数联动就是建立次约束与主约束在数值上和逻辑上的关系，并在参数驱动过程中，要保持这种关系始终不变。相关参数的联动方法使某些不能用拓扑关系判断的从动点与驱动点建立了联系。使用这种方式时，常引入驱动树，以建立主动点，从动点等之间约束关系的树形表示，便于直观地判断图形的驱动与约束情况。

由于参数驱动是基于对图形数据的操作，因此绘制模型的过程就是参数模型的建立过程。绘图系统将图形映射到图形数据库中，设置出图形实体的数据结构，参数驱动时在数据结构中填写出不同内容，以生成所需要的图形。

2.三维参数化实体造型

参数化实体造型技术使用约束来定义和修改实体几何模型，约束条件反映了设计时要考虑的因素。初始设计的形体首先要满足约束，当用户输入相应参数的新值时，无需再次建立约束关系便可获得一个新的几何造型。实体建模是CAD/CAE集成的基础和核心，参数化的实体模型不仅直观而且便于修改。建立参数化实体造型，一般采用如下步骤：

（1）构建简单三维实体的参数化模型，记录包括基本体系的类型、定形、定位参数等信息。

（2）通过简单三维实体模型之间的布尔操作构建复杂三维实体。

（3）建立使参数模型与实体的几何/拓扑描述相联系的机制，通过这一机制实现参数化造型。

第二节 CATIA软件水工三维设计过程与特点

一、三维设计过程

一般认为工程或产品的设计过程是将其要求映射到功能描述，然后再用适当的几何概念对其功能描述加以实现的过程。整个设计过程一般要经过概念设计、总体设计.详细设计三个阶段。依据设计方式的不同，可分为自顶向下（Top Down）设计、自底而上（Bottom-Up）设计、混合设计三种形式。

1.自顶向下设计

自顶向下的设计过程，是从产品功能要求出发。选用一系列的零部件去实现产品的功能。先设计出初步方案及其结构草图。建立约束驱动的产品模型；通过设计计算，确定每个设计参数，然后进行零部件的详细设计，通过几何约束求解将零部件装配成产品；对设计进行不断的修改，直到得到满足功能要求的产品。自顶向下的设计方法能反映真实的设计过程，节省不必要的重复设计，提高设计效率，适合新产品的开发设计过程，它完全要从设计初始阶段开始考虑，使产品在设计过程中不断完善。

随着计算机技术的发展，计算机集成制造系统（computer Integrated manufacturing sys-tems.CIMS），并行工程概念的相继产生，以及动态导航技术和参数设计的综合运用，为工程或产品设计的概念设计，零部件详细设计以及产品的并行设计提供了坚实的基础。运用自顶向下的设计方法，在不同设计阶段需建立不同的主模型（Master Model），主模型提供了一个面向设计群体的装配设计环境，使得设计群体中每个成员的设计从最开始就被有效地控制在最终设计可装配的范围之内，并且突出以工程或产品为核心的设计思想，保证设计人员的工作与整个工程或产品的进展过程相关联，零部件模型的变化将只反映到相应的装配部件上，从而保证了模型数据的集成性，避免设计工作的重复。

2.自底向上设计

自底向上的设计方法是一种比较传统的方法，其主要思路是先设计好各个零部件，然后将这些零部件进行装配，通过添加装配约束将各个零部件组合成装配体。优点是思路简单，操作快捷、方便，容易被大多数设计人员理解和接受。这种方法由于从零部件开始进行设计，在零部件基础上再进行装配体的设计，因此可以充分利用先前已有的设计资料，使设计工作从一个较高层次开始，有效地避免重复设计的工作，缩短设计周期。

3.混合设计一些设计过程，有时候会采用自顶向下和自底向上混合的设计方法。

对于复杂工程三维模型的建立。整个工程是一个相关联的系统，并行设计的思想在复杂工程设计中尤为重要，首先要全面考虑整个工程的要求，按功能或结构不同将工程模型划分为不同的子模型，然后分别完成各子模型的建模。

水利水电工程三维设计一般选用自顶向下设计或混合设计方法。

二、水工三维设计软件环境

目前国外流行的三维CAD设计软件很多，根据产品的性能及应用领域的不同大致分类如下。

1. 用于三维渲染、绘图设计、视景仿真，如3DMax，MAYA，Rhino，Softimage 3D，Lightwave，Creator等。

2. 着重于三维建模功能，如SolidWorks、SolidEdge、MDT、MasterCAM等。

3. 大型集成化系统，这类软件不但兼有CAD/CAE软件之长，还集成有CAE，CAPP，PDM等分析，工艺，产品资料管理的功能，以CATIA，UG，Pro/Engineer，IDEAS等软件为代表，还包括AutoDesk Inventor，Cimatron，PDS，PDMS，PlantSpace等软件。

国产软件有北京数码大方科技有限公司CAXA系列CAD和PLM软件、浩辰ICAD、中望CAD、开目CAD、天喻CAD等软件。

下面对市场上较有影响力的三维CAD软件特点进行介绍。

（1）UG

UG是Unigraphics的缩写，是高、中档三维设计软件的杰出代表，模块齐全，功能强大，优越的参数化和变量化技术与传统的实体，线框和表面功能结合在一起，可以轻松实现各种复杂实体及造型的建构，UG一个最大的特点就是混合建模，在一个模型中允许存在无相关性特征，可以局部参数化曲面造型。曲面造型、数控加工方面是其强项，但在分析方面较为薄弱。UG软件中的UG/Routing模块使得管道。钢结构等走线应用的装配件建立更加方便快捷。

（2）Pro/Engineer

Pro/Engineer是美国参数技术公司（parametric technology corporation，PTC）的产品。PTC公司提出的单一数据库，参数化、基于特征、全相关的概念，改变了CAD/CAE/CAM的传统观念。该软件操作较为复杂，存储空间大。Pro/Engineer中的Toolkit是进行流体机械（泵、水轮机、喷灌机、风机、压气机等）计算机辅助设计及结构分析的良好工具。

（3）IDEAS

IDEAS软件以CAD/CAE/CAM一体化著称，分析方面较好，但是加工方面较弱。广泛应用于汽车、家电产品及复杂机械产品的设计、分析、测试，加工方面等。此外，IDEAS应用在盾构掘进机整体结构设计优化方法的研究中，进行盾构掘进机结构计算、分析，解决了用传统解析法和经验法难以解决或无法解决的盾构掘进机结构计算、分析、优化等问题。

（4）SolidWorks

SolidWorks三维造型软件是中端三维设计软件的代表，其采用独特的特征树管理技术，方便修改实体模型的构造过程，零件或装配模型与工程图间双向关联。它既可以从本身的工程图模块或外部的DWG/DXF文件导入图形到草图中，自动搜索和添加导入图形中现有的约束关系，还能够将草图作为装配中的整体布局参考图，强化了自顶向下的概念设计。在支持变量化设计方面，它可以在装配层次上进行变量化设计，装配体中所有的零件尺寸、草图尺寸、装配约束关系尺寸均可参与方程的定义，但SolidWorks的曲面造型功能较弱。

（5）SolidEdge

SolidEdge是基于Windows和WindowsNT平台的三维造型软件，其采用特征造型技术和基于约束的参数化造型技术。可以报告模型定位的约束状况，可以显示欠约束条件下图形的改变情况。SolidEdge软件的突出特点是流技术（Stream Technology），它把造型过程分为不同的阶段，每个阶段都有导航操作，既简化了操作，又提高了系统的稳定性。Solid-Edge还支持并行装配存取控制，使得多个工程师可以工作于同一个装配项目。SolidEdge的缺点是曲面功能较弱。

（6）AutoDesk Inventor

Inventor是AutoDesk公司开发的基于自适应技术的三维设计软件，能够完整读入用户的二维DWG文件，并通过简单方便的三维造型方法迅速生成三维模型，然后自动生成工程二维图。自适应技术建立在参数化技术基础上，并且超越了现有的参数化技术，提供了完全的设计灵活性。零件特征之间只有配合和位置关系，无父子关系，解决了纯参数化系统所固有的缺陷。

（7）CATIA

CATIA是法国达索公司开发的一套完整的高档3D CAD/CAE/CAM一体化软件，具有复杂曲面造型和复杂装配，零件的参数化及约束关系。自动地对连接进行定义等功能，有利于加快装配件的设计进度。CATIA与ABAQUS，ANSYS等有限元分析软件之间有非常好的接口，CATIA的零件可直接转化为有限元分析软件兼容的模型。

第三节　重力坝三维设计

重力坝是混凝土或石料等材料修筑的大体积挡水建筑物，在水压力及其他荷载作用下，主要依靠坝体自重产生的抗滑力来保持稳定，同时依靠坝体的自重来抵消由水压力所引起的拉应力，以满足强度要求。重力坝由于结构简单、施工方便。安全度高，在水利水电工程中应用广泛，是比较重要的坝型之一。重力坝设计内容繁多，包括枢纽布置与坝型选择，坝体结构设计，坝基处理与设计，岸坡及其他辅助建筑物的连接、坝体分析计算等。

一、重力坝三维设计流程

1.根据地质信息建立三维地质模型，在此基础上依据重力坝设计规范进行坝址选择，采用自顶而下方法拟定总体设计骨架元素。

2.在对重力坝设计理念和步骤深入掌握的前提下，按照重力坝设计规范，对重力坝工程从结构上进行划分，实现重力坝各个部分的三维参数化建模。

3.运用装配设计，参照总体骨架元素，进行重力坝各个部分三维模型的装配，并通过开挖、合并等结构上的处理，实现整个重力坝工程的三维设计。

4.对重力坝三维模型进行深层次研究，如三维模型至工程二维图的快速转换，各种工程量的快速计算与统计等。

二、坝体结构划分

重力坝体型结构复杂，如果不进行划分，不仅参数繁多，而且难以体现出非溢流坝，溢流坝和内部廊道等结构相互独立的特征。因此，重力坝模型设计首先要考虑如何把复杂的坝工结构进行合理拆分，使之成为多个简单模型的组合。重力坝可简单分为非溢流坝段和溢流坝段两部分，另外还包括廊道，排水管和帷幕等细部结构。以溢流坝为例，主要设计过程如下。

1.根据地形地质条件确定溢流坝段的平面位置。

2.拟定溢流坝，坝体轮廓尺寸并进行稳定及应力计算。首先确定坝顶高程，根据坝顶的交通、运行等要求初步拟定坝顶宽度。根据地质资料和规范要求拟定河床和两岸岸坡坝段的建基面高程，以及上下游坝坡和折坡点高程；其次，根据规范要求拟定各设计工况并进行相应的荷载、稳定和应力计算；再次，根据稳定和应力计算结果调整断面尺寸，直到稳定和应力均满足规范要求，并使坝体工程量最省。

3.根据下游河道的地质条件和水文情况确定消能方式，通过水力计算拟定溢流坝，坝体轮廓尺寸，并进行稳定及应力计算。

三、坝体三维设计

1.非溢流坝段三维设计

非溢流坝段的设计要素主要包括坝顶高程、坝顶宽度、坝坡、上下游起坡点位置及底宽等。

（1）坝顶高程确定

坝顶高程分别按设计和校核两种情况考虑，防浪墙至设计或校核洪水位的高差可设定为累计频率为1%的波高、波浪中心线至计算水位的高度，以及安全超高三者之和。

(2)坝顶宽度拟定

为了满足施工、运行的需要，坝顶宽度一般取最大坝高的8%~10%，且不小于2m。若有交通要求或有移动式启闭设施时，根据实际需要确定。

(3)坝坡拟定

考虑坝体利用部分水压力增加其抗滑稳定，根据工程实践，上游边坡系数n为0.0~0.2，下游边坡系数m为0.6~0.8。底宽为坝高的0.7~0.9倍。

(4)上下游起坡点位置及底宽确定

上游起坡点位置应结合应力控制标准，一般在坝高的2/3~1/3附近；下游起坡点位置应根据坝的剖面形式，坝顶宽度等计算得到。

在CATIA中，建立非溢流坝段典型剖面所在的平面，在此平面内创建草图，绘制非溢流坝段典型剖面，运用拉伸命令实现非溢流坝段从二维典型剖面到三维模型的转换，并对模型添加约束尺寸，提取参数，使三维模型参数化。

2.溢流坝段三维设计

溢流坝既是挡水建筑物又是泄水建筑物，不仅要满足稳定和强度要求，还要满足泄水要求。因此需要有足够的空间尺寸、较好体型的堰型，以满足泄水要求，并使水流平顺，不产生空蚀破坏。

(1)泄水方式选择

溢流坝的泄水方式主要有两种：开敞溢流式和孔口溢流式。以开敞溢流式为例，除泄洪外还可排除冰凌或其他漂浮物，堰顶不设闸门时堰顶高程等于水库的正常高水位，其结构简单、管理方便、适用于泄洪量不大、淹没损失小的中小型工程。设置闸门的溢流坝，闸门顶高程大致与正常高水位齐平，堰顶高程较低，可利用闸门的开启高度调节库水位和下泄流量，适用于大型工程及重要的中型坝。

(2)孔口设计

孔口设计：主要包括洪水标准，设计流量，单宽流量、孔口尺寸的确定与布置等。

(3)消能防冲设计

溢流坝顶下泄的水流具有很大的能量，必须采取有效的消能措施保护下游河床免受冲刷。消能防冲设计主要包括连续式鼻坎设计、挑距和抗冲估算等环节。

(4)溢流面体型设计

溢流面由顶部曲线段、中间直线段和反弧段三部分组成。主要设计内容包括顶部曲线段的设计和溢流坝剖面的绘制等。溢流坝段的CATIA参数化建模与非溢流坝段类似，不同之处在于其根据溢流曲线方程，运用CATIA的规则曲线准确模拟溜流坝段的溢流面，以保证所建溢流坝段模型精准。溢流面的设计应满足如下要求：在上游端水流平顺，减小孔口水流的侧收缩；在下游端减少水流的水冠和冲击波。所以上游端常采用半圆形或椭圆形，下游端常采用流线型圆弧或半圆形曲线。

四、其他结构三维设计

1.廊道三维设计

为满足灌浆、排水、观测、检查和交通等要求，需要在坝体内设置各种不同用途的廊道。这些廊道相互连通，构成廊道系统。廊道断面多为城门洞形。其中基础液浆廊道宽度和高度应能满足灌浆作业的要求，一般宽为2.5~3m、高为3~4m、底面距基岩面不宜小于1.5倍廊道宽度。灌浆廊道随坝基面由河床向两岸逐渐升高，坡度不宜大于40°~45°，以便钻孔，灌浆及搬运设备。

在CATIA环境下，只要确定廊道的剖面、轴线就能完成三维模型的创建，轴线可以是直线、折线甚至是曲线。先在草图工作台下，绘制廊道剖面，然后确定廊道起点桩号、剖面中心位置以及轴线走向，便可以完成三维模型的创建。

2.溢流坝导墙及闸墩三维设计

在CATIA环境中，只需创建一个导墙和闸墩三维模型，通过镜像和阵列功能控制导墙和闸墩的个数及间距，便可快速创建两边导墙和溢流坝段上多个闸墩的三维模型。

第四节　拱坝三维设计

拱坝是一种重要的坝型，具有独特的力学特性以及较好的经济性和安全性。其中双曲拱坝是应用最多的一种拱坝类型。双曲拱坝主要包括基本拱圈体形、闸墩、表孔、中孔、底孔、廊道及其他细部结构（电梯井、堤顶防浪墙、电缆沟、集水井等）。根据拱坝的组成结构，先进行基本体形设计，然后进行闸墩、孔口设计，最后进行廊道及其他细部结构设计。

一、大坝分区设计

大坝分区主要是布置大坝横缝，参考类似工程经验，横缝面一般为铅直面，按接近径向布置。先按顶层拱圈中心线确定分缝位置，然后计算坝顶和建基面高程处横缝面与径向的夹角，调整缝面之间的角度，使坝顶和建基面高程处横缝面与径向的夹角相差不大。

在CATIA的创成式外形设计模块中，利用拉伸命令可实现大坝分区设计。大坝与基岩接触处有时会根据需要设置横缝止水，首先需要将该处坝体基岩分界面向内侧偏移一个止水的距离，该偏移面与顶视图分区面的交线即为止水的拐角位置；采用桥接命令连接该交线和该交线在坝体基岩分界面上的投影即为横缝止水面，结合拉伸的垂直面，即可得到大坝分区。

坝体建筑物设计完成后，还需要进行混凝土分区设计。混凝土分区是拱坝混凝土浇筑的前提和基础。双曲拱坝虽然是大体积混凝土结构，但在拱座、拱冠附近应力较大，且坝身又布置了表孔、中孔等泄洪设施，因此坝体不同区域的混凝土对强度要求不同。同时，考虑到温度、浇筑机械设备和浇筑能力等因素的影响，混凝土坝施工需将坝体按照一定的原则进行分层、分块浇筑。根据设计规范以及提供的分缝参数表。每个坝段的分层高度信息和不同分区的混凝土强度等级，在零件设计模块中设计出表孔、中孔、底孔、廊道等分区面模型，然后将整个坝体依据这些分区面用切制(spli)命令分割成块。

在CATIA中建立双曲拱坝参数模型还有许多方法，例如，应用CATIA的设计表(De-sign Table)，列出拱圈平面的主要参数：再在与设计表相关联的Excel表中编辑不同高程拱圈平面的参数，根据参数值生成不同高程的拱圈平面；最后完成双曲拱坝三维参数化设计模型。

二、廊道三维设计

根据基础灌浆、坝体接缝灌浆、排水、观测检查，交通等要求，在坝体内一般会设置基础廊道、交通廊道、观测廊道等，其基本设计思路是：根据设计规范和实际情况确定廊道的截面及布置路径，将廊道截面沿着布置路径进行扫掠，形成廊道轮廓曲面，再与大坝三维设计模型进行布尔运算，完成廊道三维设计。

第五节　面板坝三维设计

用堆石或砂砾石分层碾压填筑成坝体，用混凝土面板作防渗体的坝，简称面板堆石坝或面板坝，由于其安全性、适应性和经济性良好而得到广泛采用。面板坝三维设计主要流程如下。

1. 确定坝轴线，建立大坝整体骨架。

2. 设计大坝典型断面，建立坝体三维设计模型。一般在绘制面板坝典型断面的同时，预留坝体分区轮廓，在需要坝体分区设计的时候，能快速根据设计要求完成大坝分区设计工作。

3. 根据地质情况，进行坝体基础开挖三维设计。

4. 根据建基面修建坝体三维设计模型，以使坝体适应地形地质条件。

5. 进行坝体分区和其他细部结构三维设计工作。

一、坝轴线设计

根据坝址区的地形、地质特点，及有利于趾板和枢纽布置，并结合施工条件等，经过技术经济比较后确定坝轴线位置，形成大坝三维设计的基础骨架。大坝三维设计模型将以坝轴线为基准。随着坝轴线的改变而改变。在CATIA软件中，创建左岸控制点和右岸控制点，通过“点一点”的方式，连接左、右岸控制点生成坝轴线。

二、大坝典型断面及分区设计

面板坝分区一般包括：面板、趾板、垫层、过渡区、主堆石区，次堆石区，根据面板坝不同材料区域情况还可以进一步细分。在草图工作台中进行分区剖面轮廓设计，并提取出各种约束条件和参数，形成大坝典型参数化设计断面。

三、趾板三维设计

第一步，根据地质条件设计大坝的开挖线，通过投影、平行设计方法得到趾板控制点连线。

第二步，将趾板进行分段，设计趾板轮廓，并以趾板控制点连线为脊线，利用多截面实体得到趾板面。

第三步，利用封闭曲面命令。得到设计趾板的连接面以及供开挖运用的趾板外包面。

四、开挖面与大坝整体造型三维设计

依次设计趾板开挖面，左侧开挖面、右侧开挖面。并结合形成开挖面的包络面。包络面与地形面进行布尔“交”运算。最终形成大坝整体开挖面。利用面板坝典型设计断面，沿坝轴线方向拉伸，形成包络体，包络体与大坝整体开挖面进行布尔“交”运算，得到坝体三维设计模型。

为在类似工程中重复利用创建的模型，可以将面板坝三维设计模型创建为工程模板，加入到企业的坝工知识模板库中，通过实例化可快速完成三维设计模型的重建。利用CATIA知识工程模块，在三维设计过程中，可以通过规则和检查将规程规范及设计人员的工程经验，中对坝顶宽度，坡比的规定等，嵌入到三维设计模板中，用以规范和约束设计，使设计更为合理。

第六节　电站厂房三维设计

一、电站厂房三维设计流程

依据水电站厂房的设计流程，将参数化方法应用于厂房三维设计中，运用CATIA软件实现电站厂房的参数化建模，生成工程图，并基于三维模型进行工程量计算。具体设计步骤如下。

1.根据地形、地质资料，建立地形，地质三维模型。

2.结合枢纽总布置，选择厂房厂址及厂房类型。

3.根据初步拟定的机组中心点，机组中心线。安装高程等元素，建立厂房骨架。

4.建立厂房各部分三维参数化模型，完成厂房整体三维模型的装配。

5.在地形地质三维模型中，进行开挖、回填设计，实现工程量自动计算。

6.通过工程制图模块生成二维图。

二、厂房厂址及厂房类型初步确定

在CATIA软件中，通过DSE模块将地形TIN或点云(*.asc)格式文件导入，并修补形成完整的Mesh三角网格面；通过QSR模块将Mesh三维网格面转化成曲面；通过GSD和零件设计模块，完成地形三维体的建立。在地形三维体的基础上，依据平面地质图、产状线，钻孔数据等资料建立地层分界面，对重点区域进行分割划分，建立地质三维模型。

厂房厂址及厂房类型的选择应根据地形，地质，环境条件，结合枢纽工程的整体布局进行。在安善解决施工和建设占地、边坡稳定性、厂基及地表水处理等问题的基础上，初步拟定厂址及厂房类型。

三、厂房骨架建立

骨架是三维设计的基础平台，由确定水工建筑物位置的点、线、面组成。骨架设计思想的核心是理顺模型之间的从属关系，使骨架能够有效地驱动模型。厂房骨架主要由厂房控制性的点、线、面组成，如机组中心点、机组中心线、安装高程等元素。

依据骨架元素建立厂房的参数化骨架。骨架元素是整个厂房定位和布置的关键依据，以此为参考可确定厂房各个部分与地质三维模型之间的相关关系，自上向下传递设计数据，规范地完成厂房后续设计。骨架元素在方案调整时，也可以更改，相应设计会自动更新修正。

四、各部分三维设计模型建立

水利水电工程设计是分阶段进行的，水电站厂房在各阶段设计的深度有所不同。根据各阶段研究的内容和要求，利用CATIA可建立满足不同阶段要求的模型。

将复杂的建筑物形体先进行合理分解，使之成为多个简单模型对象的组合。厂房可分为厂房下部结构、厂房上部结构、副厂房、安装间，尾水渠等部分。在建模过程中，按照相应规范或规定，提取模型关键尺寸作为特征参数，调整这些特征参数，系统会自动驱动模型更改。同时，为适应不同工程的应用，利用知识工程建立通用性的标准模板，形成较完整的模板库。在建立类似建筑物模型时，可调用这些模板，修改参数，快速建立新工程建筑物的三维模型。

第七节　道路三维设计

水利水电工程建设中，涉及进场公路、施工道路、营地公路等道路的设计。传统道路设计采用平而线、纵断面线、横断面线三个二维设计来表达三维空间位置，对道路设计复杂问题的解决起到了合理简化的作用。但仅依靠道路的平、纵、横二维设计数据对道路设计进行合理性评价，难以对多种道路设计方案实现快速比对。采用CATIA软件，利用地形地质数据的三维快速重构。可在地形地质三维模型的基础上进行道路的平、纵、横三维参数化布置与设计。基于CATIA软件，进行道路三维设计的流程如下。

1.根据一定的规则，将道路进行分段设计，同时建立道路目录索引，以方便对分段设计成果进行管理。

2.收集道路工程规划或设计的基础资料，如地形、地质资料、社会经济资料等，以及道路设计前期规划或土力学计算的成果，如道路中心线的坐标、路面高程、道路边坡坡比等设计参数。

3.根据地形资料建立道路的地形三维曲面模型，在地形三维曲面模型上布置道路中心线。

4.建立道路基本横断面设计模板，模板各部位的尺寸和形状应尽量采用参数化设计，以方便调用。

5.沿道路中心线布置道路基本设计横断面，然后，将各段道路基本设计横断面采用多截面曲而方式进行结合，生成道路的基本三维参数化设计曲面模型。

6.根据地形三维曲面模型，生成地形三维实体模型。

7.将道路的基本三维参数化设计曲面模型与地形三维实体模型进行相交，生成道路的开挖体和填方体以及经过道路挖填后的地形三维实体模型。

8.在道路挖填后的地形三维实体模型基础上，进行路肩、边沟、绿化带等道路详细结构三维设计，生成道路三维设计整体模型。

9.计算各类工程量，包括开挖和填方量。

10.根据制图标准，建立出图样式，布局，并根据道路三维设计整体模型生成平面布置图、纵断面图、横断面图等。

一、分段设计与设计模型管理

受数据处理能力及容量限制，以及方便设计分工与数据管理，一般将道路进行分段设计。地形变化大的地方分段密，反之则可以稀疏一些，但段距也不宜过大。从CATIA对地形数据的处理能力来看，分段道路的长度一般在15km以内。

基于协同设计模块或通过Excel索引文件与道路分段的三维设计模型进行链接，采用文件目录索引方式进行道路分段三维设计模型的管理。通过道路分段设计模型的管理目录树，可以任意调用相应道路分段的三维设计模型成果，载入的模型可以进一步细化设计、计算工程量、生成二维工程图等。

二、地形三维模型建立

按施工设计详图要求，地形应达到比例尺1∶1000及以上精度，一般一段道路的设计，地形数据的范围为道路两旁各延伸1km左右，长度在15km以内。在CATIA软件中，三维地形可以采用不规则三角网（TIN）描述，也可以采用曲面方式描述。地形数据的输入格式，可以是基于AutoDesk*.dwg方式的三维等高线，也可以是点云方式，或者是基于AreGISTIN文件格式的地形数据。地形数据导入CATIA软件后，生成地形曲面模型，将地形曲面模型与同范围大小的长方体三维实体模型进行相交，生成地形三维实体模型。

三、道路中心线布置

首先进行道路的平面曲线设计，然后将平面曲线在地形三维模型上投影即生成道路中心线。道路平面曲线设计要拟定道路走向、平面组成要素以及各要素的参数信息，最后定出道路各桩号坐标。平面曲线由不同的曲线段组合而成，主要包括直线、圆曲线、曲线段等。平面曲线设计初步拟定后，在CATIA软件中，可以将平面曲线的三维点（包括X、Y、Z坐标）逐个添加布置，也可以采用Excel表格文件，从外部文件导入平面曲线各点的坐标序列，将各点进行连接。然后根据地形、地貌情况（如坡度和平滑要求）、对道路的平面曲线设计进行调整，再投影到地形三维模型上，即生成调整后的道路中心线。在CATIA软件中，可以采用展开、调整、折叠方法调整道路平面曲线在地形三维模型上的投影线。

四、道路横断面设计

道路横断面是指道路中心线各点的法向切线，由横断面设计线和地面线所构成。横断面设计根据行车带宽度和行车速度设计路面宽度和路面其他辅助部分，如路肩、边沟、绿化带等。

采用统一的方式来描述各种类型的道路横断面，包括全挖方路段、全填方路段、半挖半填路段，典型的道路横断面应该还应设置多级马道，为简化表示，道路典型横断面简化为梯形。在道路横断面统一描述方式下，挖方和填方路段共用道路路面，路面以上的为挖方路段横断面，路面以下为填方路段横断面。采用参数化描述道路横断面，设计参数包括：路面宽、道路放坡坡比道路护坡坡比、放坡坡高、护坡坡高等。

将建立的道路横断面基本参数化设计模型保存为三维参数化模板，以供调用。将调用道路横断面基本三维参数化模板，依次在道路中心线上布置道路横断面，然后根据实际道路横断面的设计方案，修改和调整设计参数。将整个道路的基本横断面在CATIA中采用多截面曲面命令进行连结，生成道路的整体基本参数化设计曲面模型。

第八节　水利水电工程三维设计协同技术

计算机支持的协同工作（computer supported cooperative work，CSCW）是20世纪80年代中期发展起来的一个新的研究领域，是指在异地环境下的群体成员借助计算机及网络技术，共同协作来完成一项任务。计算机协同设计技术（computer supported collaborativedesign，CSCD）是CSCW在设计工作中的应用。协同CAD处于协同设计与CAD的交叉领域，它将CAD技术与CSCD技术结合在一起，为用户提供实时、在线的协作工具和环境，使得来自不同领域的专家并行协同高效地工作。

协同CAD以共享的协同设计环境为中心，研究如何协调设计项目中不同专业的技术人员之间的活动，使整个设计工作能协同进行。协同CAD系统需要在各用户之间共享设计的多方面内容，其中最主要的是共享设计模型，在协同CAD中可以使用图形共享，通过全分布式结构、异步刷新功能来实现。

一、水利水电工程三维协同设计的必要性

当前我国经济快速发展，加大了基础设施投资和建设力度，水利水电工程迎来了建设高峰期。水利水电工程建设步伐的加快，使得水利水电勘测设计企业面临着设计周期、设计质量、成果品质的压力、面临着来自企业自身经营带来的项目数量多，工作负荷大，质量控制困难等方面的压力，面临着企业长远发展带来的国际竞争与合

作、国际高标准设计需要的压力。为此必须从设计技术上进行革新。传统的二维设计由于具有无法快速设计，无法虚拟现实，不易知识重用、不利于项目沟通等缺点，已无法取得实质性的突破。在国外，机械制造航空航天、汽车、造船、建筑等行业，三维设计已经开始逐步代替二维设计，得到了广泛的应用。当前，水利水电勘测设计行业正经历一场从传统二维设计到三维协同设计的技术革命。

水利水电工程勘测设计三维协同技术，即通过计算机软硬件平台让参与工程设计的专业人员在统一的三维环境下进行协作完成工程的设计、分析工作。涉及工程的概念设计、结构设计、详细设计、施工仿真、结构分析等环节、包括三维设计和协同管理两个方面，涵盖权限管理、角色管理、设计数据管理等。三维设计涉及水利水电工程各专业的三维参数化建模、三维分析，关联设计及二维出图等工作；协同管理包括上下游专业之间的协同，并行专业之间的协同及企业间的设计协同，以及校审流程的管理，从而实现有效的协同设计。

通过三维设计，设计人员能够根据设计思想构建三维参数化模型，在此基础上进行应力/应变分析、属性分析、干涉分析、反复修改调整方案和优化设计、自动生成工程二维图等工作。国内大部分水利水电勘测设计单位开始逐步探索和应用三维设计技术。如成都勘测设计研究院、长江勘测规划设计研究院等基于法国达索公司的三维设计软件CATIA，华东勘测设计研究院、中南勘测设计研究院等基于Bently公司的Microstation软件，昆明勘测设计研究院基于AutoDesk公司的BIM三维解决方案等，对三维协同设计技术进行探索研究，并逐步应用于水利水电工程勘测设计中。

由于水利水电工程固有的复杂性，建设周期较长，涉及专业多，在三维协同设计管理方面存在如下问题。

1. 各专业独自进行本专业的三维设计，没有构建统一的、多专业协同的三维设计平台。使得三维协同设计的整体效益未能得以充分发挥。

2. 尚未实现三维设计成果设计流程控制，以及未基于数据库技术进行工程协同设计和数据管理，难以满足水利水电工程多专业协同设计和数据管理的需要。

3. 目前水利水电勘测设计行业还没有三维设计相关的标准和规范。

因此，建立适合水利水电工程勘测设计的三维协同管理平台，制定并完善三维协同设计工作管理流程，技术标准与规范，对水利水电工程勘测设计行业的发展和技术进步有重要意义。

二、水利水电工程三维协同设计相关技术

协同设计主要是指企业内不同设计部门、不同设计专业或者同一项目的不同设计企业之间进行协调和配合。协同设计是一个系统工程，除设计功能外，还有相应管理功能，实现水利水电工程专业间和专业内高效的三维协同，需要从三维设计功能和

信息共享管理两方面开展研究。

1.地质、水工和施工等专业三维设计和数据关联

当前大多数专业的CAD系统是基于二维的,即使有些专业采用三维设计,但专业间仍以二维图形及文档说明形式传递设计成果。应用该成果时,下游专业必须对上游专业成果进行重新理解和构造,无法保证设计依据的即时性和有效性,设计变更时修改工作量亦大。三维设计模型容易理解,无多义性,各专业三维设计模型相互关联,设计变更实现快。

水利水电工程三维设计。可采用GOCAD或其他地质软件建立地质三维模型,再将GO-CAD建立的地质三维模型导入CATIA软件中,用CATIA软件直接进行水工建筑物设计,然后将地质三维模型和水工建筑物三维模型进行总装,这种采用异构三维软件完成的三维设计,难以保证设计关联性,例如由于新的钻孔数据而更新了三维地质模型,下游水工专业设计所依据的地质模型不能自动及时更新。水利水电工程各专业三维协同设计,应该采用同构的三维设计软件,完成地质建模、水工建筑物设计、机电设备布置、施工设计等。

2.总体骨架与局部骨架

机械行业标准件的设计组装采用自下而上的设计方法,在设计初期建立各个零件模型,后期将各零件模型按照相对位置关系组装起来。水利水电工程设计与之不同,采用自上而下的设计方法,先进行枢纽总体布置,再进行水工建筑物细部设计。

总体布置需要定义整个工程的关键定位、布置基准、各建筑物相对位置关系和重要尺寸,这与CATIA三维设计软件的骨架设计思想相同。在工程总体设计初期,从I程装配的最高层面上考虑工程的设计结构,考虑和表达整体装配及各个子装配的相对位置关系。自上向下传递设计数据表达,有目的有规范地进行各专业设计。工程总体骨架形成后,在总体骨架的驱动和关联下产生专业子骨架,子骨架可以继续向下派生传递,直至关联到具体的零件。骨架是设计思想传递的载体,上级骨架通盘考虑下级骨架及零件参数传递关系及驱动关系,骨架设计是后期详细设计的基础。若后期发现缺陷及违反设计规范的问题,可以通过更改相应的设计骨架,后续的零件模型通过更新会自动更正。

3.统一的三维设计模型和设计参考

如果设计内容的部分变更无法得到及时共享,与之相关的设计得不到最新的设计参考。从而产生错误。对于高度协同化的设计工作而言,这种错误的结果不堪设想。数据从最初建立一直到整个工程设计周期,均需要实现数据共享,设计者之间可以相互参阅,及时发现设计中的错误,对提高设计质量,缩短设计周期大有裨益。

水利水电工程三维协同设计需要统一的数据源,通过统一管理设计模型和设计参考,保证各专业在最新版本的三维模型上工作,任何专业的修改对其他专业的影响

能及时体现，同时要能方便定义角色、分配权限，防止越权修改和误操作等。

4.设计结构、参数、关联信息和知识的管理

传统的二维设计，零件的表达及其相关设计参数无法完全放在一起，当然也没有直接的关系，技术资料的保存和更新十分麻烦。三维参数化模型含有大量结构、参数、关联和知识信息，将数据库技术和三维设计技术有机结合，深入到三维模型内部，可便捷地提取这些信息，准确迅速地进行查询、统计和管理等。

5.设计评审流程管理和交流

三维设计评审流程：三维设计–三维校核–三维评审–三维发布。协同平台需要对设计流程进行定义和管理，对设计模型的意见和建议在模型上能进行批注，保证协同设计人员通过网络对三维模型进行实时浏览、批注；提供交流功能，对设计进行即时交流和通信，基于网络会议进行评审。

第五章　水利工程施工中的测量控制

在现代水利工程项目施工建设过程中，测量技术应用非常重要，直接关系着整个水利工程建设质量与安全可靠性，加强施工测量是其中非常重要的一部分。因此，本章就地水利工程施工的测量控制进行讲述。

第一节　测量学的发展和分类

一、测量学发展简史

测量学是一门非常古老的科学。古代的测绘技术起源于水利和农业。

古埃及尼罗河每年洪水泛滥后，需要重新划定土地界线，开始有测量工作。公元前21世纪，中国夏禹治水就使用简单测量工具测量距离和高低。

另一方面，随着人类在军事、交通运输的需要，在客观上也推动了测绘学的发展。

约在战国后期的一个秦国古墓，发现了迄今为止世界上最早的一幅实物地形图。(地形图的出现，标志着古代的测绘技术有了相当的发展)在之后300年的马王堆汉代古墓中，发现了至今世界上最早的军事地图。

测绘学是技术性学科，它的形成和发展在很大程度上依赖测量方法和仪器工具的创造和改革。17世纪以前，人们使用简单的工具，如绳尺、木杆尺等进行测量，以测量距离为主。17世纪初发明了望远镜。1617年创立的三角测量法，开始了角度测量。1730年英国的西森制成第一架经纬仪，促进了三角测量的发展。1794年德国的C.F.高斯发明了最小二乘法，直到1809年才发表。1806年法国的A.M.勒让德也提出了同样的观测数据处理方法。1859年法国的A.洛斯达首创摄影测量方法。20世纪初，由于航空技术发展，出现了自动连续航空摄影机，可以将航摄像片在立体测图仪上加工成地形图，促进了航空摄影测量的发展。

20世纪50年代起，测绘技术朝着电子化和自动化发展。比如电磁波测距仪、电子经纬仪、电子水准仪、全站仪、测量机器人、3S技术，发展到今天，成为一门综合科学。它应用当代空间、遥感、通信、电子、微电子等各种先进技术与设备，以及光学、机械、电子的实用技术设备，采集与地球形状和大小、地球表面上的各种物体的几何形状及空间位置相关的数据和信息，并对其进行处理、解释和管理，为经济建设、国防建设的各个部门和行业提供服务。

二、测量学分类

1. 普通测量学

普通测量学是研究地球表面小范围测绘的基本理论、技术和方法，不顾及地球曲率的影响，把地球局部表面当做平面看待，是测量学的基础。

2. 大地测量学

是研究和确定地球形状、大小、整体与局部运动和地表面点的几何位置以及它们的变化的理论和技术的学科。

其基本任务是建立国家大地控制网，测定地球的形状、大小和重力场，为地形测图和各种工程测量提供基础起算数据；为空间科学、军事科学及研究地壳变形、地震预报等提供重要资料。按照测量手段的不同，大地测量学又分为常规大地测量学、卫星大地测量学及物理大地测量学等。

3. 海洋测绘学

海洋测绘学是以海洋和陆地水域为对象所进行的测量和海图编绘工作，属于海洋测绘学的范畴。

4. 地图制图学

是研究模拟和数字地图的基础理论、设计、编绘、复制的技术、方法以及应用的学科。它的基本任务是利用各种测量成果编制各类地图，其内容一般包括地图投影、地图编制、地图整饰和地图制印等分支。

5. 摄影测量

是研究利用电磁波传感器获取目标物的影像数据，从中提取语义和非语义信息，并用图形、图像和数字形式表达的学科。

其基本任务是通过对摄影像片或遥感图像进行处理、量测、解译，以测定物体的形状、大小和位置进而制作成图。根据获得影像的方式及遥感距离的不同，本学科又分为地面摄影测量学，航空摄影测量学和航天遥感测量等。

6. 工程测量学

定义一：工程测量学是研究各项工程在规划设计、施I建设和运营管理阶段所进行的各种测量工作的学科。

各项工程包括：工业建设、铁路、公路、桥梁、隧道、水利工程、地下工程、管线（输电线、输油管）工程、矿山和城市建设等。一般的工程建设分为规划设计、施工建设和运营管理三个阶段。工程测量学是研究这三阶段所进行的各种测量工作。

定义二:工程测量学主要研究在工程、工业和城市建设以及资源开发各个阶段所进行的地形和有关信息的采集和处理,施工放样、设备安装、形监测分析和预报等的理论、方法和技术;

以及研究对测量和工程有关的信息进行管理和使用的学科,它是测绘学在国民经济和国防建设中的直接应用。

定义三:工程测量学是研究地球空间(包括地面、地下、水下、空中)中具体几何实体的测量描绘和抽象几何实体的测设实现的理论、方法和技术的一门应用性学科。它主要以建筑工程、机器和设备为研究服务对象。

7.测量仪器学

研究测量仪器的制造、改进和创新的学科。

8.地形测量学

是研究如何将地球表面局部区域内的地物、地貌及其他有关信息测绘成地形图的理论、方法和技术的学科。按成图方式的不同地形测图可分为模拟化测图和数字化测图。

第二节 水利工程测量的仪器及方法

一、经纬仪

经纬仪是测量工作中的主要测角仪器。由望远镜、水平度盘、竖直度盘、水准器、基座等组成。

测量时,将经纬仪安置在三脚架上,用垂球或光学对点器将仪器中心对准地面测站点上,用水准器将仪器定平,用望远镜瞄准测量目标,用水平度盘和竖直度盘测定水平角和竖直角。按精度分为精密经纬仪和普通经纬仪;按读数设备可分为光学经纬仪和游标经纬仪;按轴系构造分为复测经纬仪和方向经纬仪。此外,有可自动按编码穿孔记录度盘读数的编码度盘经纬仪;可连续自动瞄准空中目标的自动跟踪经纬仪;利用陀螺定向原理迅速独立测定地面点方位的陀螺经纬仪和激光经纬仪;具有经纬仪、子午仪和天顶仪三种作用的供天文观测的全能经纬仪;将摄影机与经纬仪结合一起供地面摄影测量用的摄影经纬仪等。

DJ6经纬仪是一种广泛使用在地形测量、工程及矿山测量中的光学经纬仪。主要由水平度盘、照准部和基座三大部分组成。

基座部分。用于支撑照准部,上有三个脚螺旋,其作用是整平仪器。

照准部。照准部是经纬仪的主要部件,照准部部分的部件有水准管、光学对点器、支架、横轴、竖直度盘、望远镜、度盘读数系统等。

度盘部分。DJ6光学经纬仪度盘有水平度盘和垂直度盘，均由光学玻璃制成。水平度盘沿着全圆从0°~360°顺时针刻画，最小格值一般为1°或30°。

1.经纬仪的安置方法

(1)三脚架调成等长并适合操作者身高，将仪器固定在三脚架上，使仪器基座面与三脚架上顶面平行。

(2)将仪器摆放在测站上，目估大致对中后，踩稳一条架脚，调好光学对中器目镜（看清十字丝）与物镜（看清测站点），用双手各提一条架脚前后、左右摆动，眼观对中器使十字丝交点与测站点重合，放稳并踩实架脚。

(3)伸缩三脚架腿长整平圆水准器。

(4)将水准管平行两定平螺旋，整平水准管。

(5)平转照准部90°，用第三个螺旋整平水准管。

(6)检查光学对中，若有少量偏差，可打开连接螺旋平移基座，使其精确对中，旋紧

连接螺旋，再检查水准气泡居中。

2.度盘读数方法

光学经纬仪的读数系统包括水平和垂直度盘、测微装置、移测显微镜等几个部分。水平度盘和垂直度盘上的度盘刻划的最小格值一般为1°或30°，在读取不足一个格值的角值时，必须借助测微装置，DJ6级光学经纬仪的读数测微器装置有测微尺和平行玻璃测微器两种。

(1)测微尺读数装置。目前新产DJ6级光学经纬仪均采用这种装置。

在移测显微镜的视场中设置一个带分划尺的分划板，度盘上的分划线经显微镜放大后成像于该分划板上，度盘最小格值(60′)的成像宽度正好等于分划板上分划尺1°分划间的长度，分划尺分60个小格，注记方向与度盘的相反，用这60个小格去量测度盘上不足一格的格值。量度时以零分划线为指标线。

(2)单平行玻璃板测微器读数装置。单平行玻璃板测微器的主要部件有：单平行板玻璃、扇形分划尺和测微轮等。这种仪器度盘格值为30′，扇形分划尺上有90个小格，格值为30/90=20″。

测角时，当目标瞄准后转动测微轮，用双指标线夹住度盘分划线影像后读数。整度数根据被夹住的度盘分划线读出，不足整度数部分从测微分划尺读出。

(3)移测显微镜。光学经纬仪移测显微镜的作用是将读数成像放大，便于将度盘读数读出。

(4)水准器。光学经纬仪上有2~3个水准器，其作用是使处于工作状态的经纬仪垂直轴铅垂、水平度盘水平，水准器分管水准器和圆水准器两种。

管水准器，管水准器安装在照准部上，其作用是仪器精确整平。圆水准器，圆水

准器用于粗略整平仪器。它的灵敏度低，其格值为8″/2mm。

二、全站仪

全站仪，即全站型电子速测仪（electronic total station）。是一种集光、机、电为一体的高技术测量仪器，是集水平角、垂直角、距离（斜距、平距）、高差测量功能于一体的测绘仪器系统。因其一次安置仪器就可完成该测站上全部测量工作，所以称之为全站仪。广泛用于地上大型建筑和地下隧道施工等精密工程测量或变形监测领域。

与光学经纬仪比较，全站仪将光学度盘换为光电扫描度盘，将人工光学测微读数代之以自动记录和显示读数，使测角操作简单化，且可避免读数误差的产生。全站仪的自动记录、储存、计算功能，以及数据通信功能，进一步提高了测量作业的自动化程度。全站仪与光学经纬仪区别在于度盘读数及显示系统，全站仪的水平度盘和竖直度盘及其读数装置是分别采用两个相同的光栅度盘（或编码盘）和读数传感器进行角度测量的。根据测角精度可分为0.5″，1″，2″，3″，5″，10″等六个等级。

第三节　水利工程施工放样的基本工作

一、施工控制网的建立

1.施工控制网的特点

与测图控制网相比，施工控制网具有以下一些特点：

（1）控制的范围小，精度要求高。在工程勘测期间所布设的测图控制网，其控制范围总是大于工程建设的区域。对于水利枢纽工程，隧道工程和大型工业建设场地，其控制面积约在十几平方千米到几十平方千米，一般的工业建设场地大多在1平方千米以下。由于工程建设需要放样的点、线十分密集，没有较为稠密的测量控制点，将会给放样工作带来困难。至于点位的精度要求，测图控制网点是从满足测图要求出发提出的，其精度要求一般较低；而施工控制网的精度是从满足工程放样的要求确定的，精度要求一般较高。因此，工程施工控制网的精度要比一般测图控制网高。

（2）施工控制网的点位分布有特殊要求。施工控制网是为工程施工服务的，因此，为了施工测量应用方便，一些工程对点位的埋设有一定的要求，如桥梁施工控制网、隧道施工控制网和水利枢纽工程施工控制网要求在桥梁中心线、隧道中心线和坝轴线的两端分别埋设控制点，以便准确地标定工程的位置，减少放样测量的误差。

（3）控制点使用频繁，受施工干扰大。大型工程在施工过程中，不同的工序和不同的高程上往往要频繁地进行放样，施工控制网点反复被应用，有的可能要多达数十次。另一方面，工程的现代化施工，经常采用立体交叉作业的方法，施工机械频繁调动，对施工放样的通视等条件产生了严重影响。因此，施工控制网点应位置恰当、坚固稳定、使用方便、便于保存，且密度也应较大，以便使用时有灵活选择的余地。

(4)控制网投影到特定的平面。为了使由控制点坐标反算的两点间长度与实地两点间长度之差尽量减小，施工控制网的长度不是投影到大地水准面上，而是投影到指定的高程面上。如工业场地施工控制网投影到厂区平均高程面上，桥梁施工控制网投影到桥墩顶高程面上等，也有的工程要求长度投影到放样精度要求最高的平面上。

(5)采用独立的建筑坐标系。在工业建筑场地，还要求施工控制网点连线与施工坐标系的坐标轴相平行或相垂直，而且，其坐标值尽量为米的整倍数，以利于施工放样的计算工作。如以厂房主轴线、大坝主轴线、桥中心线等为施工控制网的坐标轴线。

2.施工控制网的布设

为工程施工所建立的控制网称为施工控制网，其主要目的是为建筑物的施工放样提供依据。另外，施工控制网也可为工程的维护保养、扩建改建提供依据。因此，施工控制网的布设应密切结合工程施工的需要及建筑场地的地形条件，选择适当的控制网形式和合理的布网方案。

二、施工放样的方法

1.常用的施工放样方法

(1)直接放样方法

1)高程放样。水准仪法、全站仪无仪器高法。

2)角度放样。放样角度实际上是从一个已知方向出发，放样出另一个方向，使它与已知方向间的夹角等于预定角值。

3)距离放样。距离放样是将图上设计的已知距离在实地上标定出来，即按给定的一个起点和方向标定出另一个端点。

4)点位放样。放样点位的常用方法有极坐标法、全站仪坐标法、交会法、直接坐标法(如GPSRTK法)等，采用经纬仪、全站仪、钢尺和GPS接收机进行。

5)铅垂线放样。有经纬仪+弯管目镜法、光学铅垂仪法、激光铅垂仪法。

(2)归化法放样

上面我们叙述的是直接放样法，而对一些需要较精密放样的工程，通常采用归化法。所谓归化法是先采用直接放样法，定出待定点的粗略位置，然后通过精密测量和计算，将粗略位置归化到精确位置。它对应的应用有归化法放样角度(距离交会归化法、角度交会归化法)、归化法放样直线(测小角归化法、测大角归化法)、构网联测归化法放样。

(3)刚体的放样定位

一个刚体在三维空间中有6个角度，即三个平移量X、Y、Z和分别绕x、y、z轴旋转的三个量。要确定刚体在三维空间中的位置，也就是要固定这6个自由度。假如有一个方案，计划采用多种测量仪器和方法，提供的定位数量多于6个。但是如果有些方法只是重复测定某些定位元素，而仍有某个定位元素未被测定。这样刚体还具有自由度，仍可移动或转动，则这种测量方案显然是错误的。又如用多种测量方法重复测定某个定位元素。一方面，这些重复测定可提供校核，防止发生粗差；但另一方面由于测量误差的存在，不同方法测定的结果之间必然会产生矛盾。如何处理这些矛盾？我们可将6个定位元素作为目标函数对诸测量方法作误差分析，然后对同一定位元素的诸方法进行比较，选出精度最好的那一种方法为基本的放样方法，其他方法作为校核。

2.特殊的施工放样方法

对于一些特殊的工程，在其施工过程中，往往需要采取一些特殊的放样方法。如为建造大佛，就需要采用摄影测量的方法；对超长型跨海大桥工程，其定位就必须采用网络RTK法放样；而对某些不规则的建筑，可综合一些常规技术进行三维坐标法放样等特殊放样方法。

3.正倒镜分中延线法

如图5-1所示，地面上有直线AB，需要延长直线AB至C点，假设B点和C点之间无障碍物。采用正倒镜分中延线法，测设步骤如下：

(1)在B点安置全站仪并对中、整平仪器。

(2)用盘左位置瞄准A点，旋紧照准部制动螺旋，将望远镜绕横轴旋转180°，在AB的延长线上定出C点。

(3)用盘右位置瞄准A点，旋紧照准部制动螺旋，将望远镜绕横轴旋转180°，在AB的延长线上定出C′′点。

(4)取C′点和C″点连线的中点C点作为最终测设的点位。

正倒镜分中延线法分别采用盘左、盘右侧设，主要是避免全站仪视准轴不垂直于横轴而引起的视准轴误差的影响。

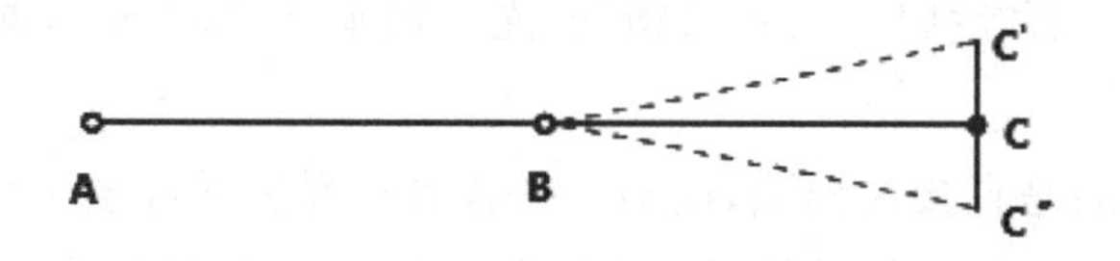

图5-1正倒镜分中延线法

4.旋转180°延线法

如图5-2所示，地面上有直线AB，需要延长直线AB至C点、D点，假设B点和C

点、D点之间无障碍物。采用旋转180°延线法，测设步骤如下：

（1）在B点安置全站仪并对中、整平仪器。

（2）用盘左位置瞄准A点，将水平度盘读数配置为0°00′00′′，顺时针转动照准部至水平度盘读数为180°00′00′′，旋紧照准部制动螺旋，此时望远镜视准轴方向即为直线AB的延长线方向，在此视线方向上依次定出C′′点和D′点。

（3）用盘右位置瞄准A点，重复上述步骤，可在视线方向上依次定出C′′点和D′′点。

（4）取C点、C″点，D′点、D″点连线的中点C点、D点作为最终测设的点位。

旋转180°延线法，主要用于仪器误差较小且直线不需要延伸太长，或测设精度要求不高时采用。

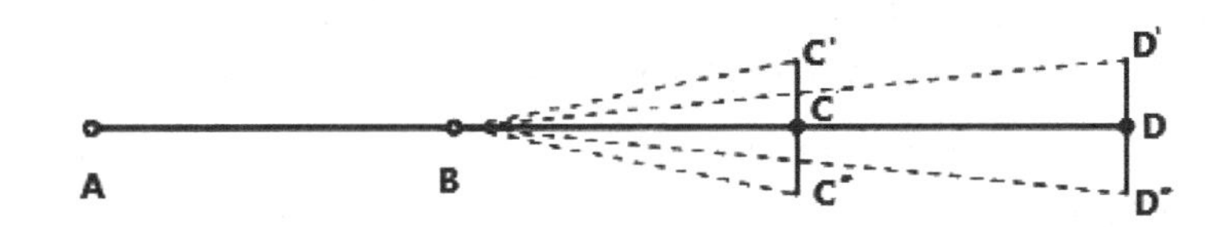

图5-2旋转180°延线法

5.正倒镜投点法

在直线两端点之间定点时，如果直线两端点之间有障碍物影响通视，或两端点之间只设有固定标志而无法安置仪器时，可采用正倒镜投点法。该方法是利用相似三角形的比例关系，计算出仪器偏离已知直线的距离，然后将仪器移至已知直线上。如图5-3所示，A、B点是已知直线的两端点，A点和B点互不通视，需要在直线AB之间定出一点C。在实际操作中，首先概略目测A、B点的位置，将全站仪大致安置在直线AB连线方向上，如图5-3中，将仪器初步安置在C点上，后视A点，用正倒镜分中延线法将直线AC″延长至B′点，量取BB′长度后，即可根据AC和AB的长度，求出仪器偏离已知直线的距离，即

$$CC'' = \frac{AC}{AB} BB'$$

将全站仪沿垂直AB方向移动距离CC′，然后用上述方法再观测一次，看仪器是否在直线AB上。若还有偏差，重复上述步骤，以逐渐趋近的方法直至仪器移至C点为止。

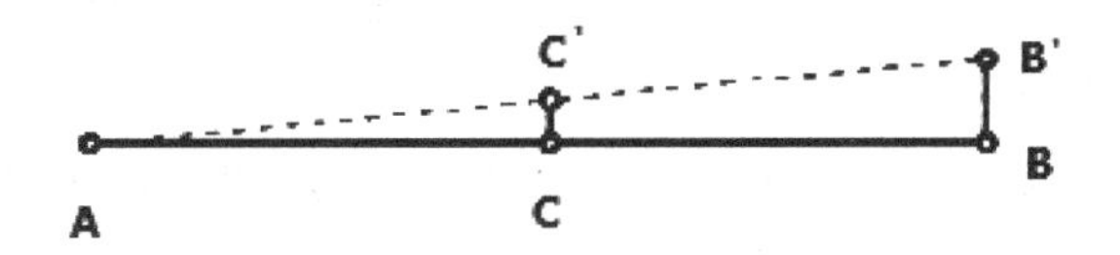

图5-3正倒镜投点法

第四节　水利工程施工测量

任何一项工程建设一般都可分为三个阶段，即勘测规划设计施工和运行管理。勘测规划设计阶段的主要测量任务是测绘大比例尺地形图和其他地形资料。工程技术人员根据工程的有关要求和地形资料进行规划设计。

在施工阶段，测量的主要任务就是按照设计和施工技术要求，将图纸上设计建筑物的平面位置、形状和高程，在施工现场进行标定，这种标定工作称为施工放样（或称为测设）。施工放样也可以说是将图纸上建筑物的样子放到地面上去的工作过程。

施工放样与地形图测绘的工作目的不同。测绘地形图是通过测量水平角、测量水平距离和测量高差，经过计算求得地面特征点的空间位置元素，根据这些数据并配上相应的符号绘制成地形图。而施工放样是把图上设计建筑物的特征点标定在实地上，与测图过程相反。例如，水平角度的观测是在测站上测量两个已知方向之间的夹角。而水平角度放样是根据设计图上的角度值，以某一已知方向为依据，在测站上将另一待定方向标定在实地上。但是，不论是测图或放样，其测量的基本元素还是水平角、水平距离和高差，所使用的仪器设备和工作方法基本相同，只是工作程序相反。

工程建筑物的施工放样，也必须遵循“从整体到局部”的原则和工作程序。首先是根据工程总平面图和地形条件建立施工控制网，根据施工控制网点在实地定出各个建筑物的主轴线和辅助轴线，再根据主轴线和辅助轴线标定建筑物的各个细部点。采用这样的工作程序，能确保建筑物几何关系的正确，而且使施工放样工作可以有条不紊地进行，避免误差的累计。

施工放样的进度与精度，直接影响施工进度和施工质量。因此，进行施工放样之前，应熟悉建筑物的总体布置图和各个建筑物结构设计图，检查、校核设计图上轴线间的距离和各部位高程的注记。在施测过程中，对建筑物重要部位一般要再采用一种施测方法进行检核，检查无误后才可进行施工。

在地形测量中，各项测量的精度要求主要取决于成图比例尺，比例尺愈大，精度要求愈高。测设点位的精度不是由比例尺来决定，而是由设计对放样的要求、建筑物所用的材料、建筑物的大小与用途，施工程序与施工方法等诸多因素确定。

为了保证施工放样工作顺利进行，施工放样之前要做好如下准备工作：

1.收集有关资料（包括工程总平面图、施工组织设计、基础平面图、建筑物施工图、设备安装图和测量成果等）。

2.根据放样精度要求和施工现场条件，选择放样方法，准备测量仪器、工具。

3.熟悉并校核设计图纸，计算放样数据，编制放样图表。

施工放样是设计与施工之间的桥梁。施工质量关系重大，进行施工放样时必须有高度的责任心，保证放样的质量，杜绝差错。

建筑物平面位置的放样方法有直角坐标法、极坐标法、前方交会等方法。具体采用哪种方法要根据现场条件而定。高程的放样：一般采用几何水准测量的方法。

工程建筑物施工放样的基本工作是测设水平角、测设水平距离和测设高程。

一、控制测量

（一）概述

控制测量分为平面控制测量和高程控制测量。平面控制测量确定控制点的平面坐标，高程控制测量确定控制点的高程。在传统测量工作中，平面控制网与高程控制网通常分别单独布设。目前，有时候也将两种控制网合起来布设成三维控制网。控制测量起到控制全局和限制误差积累的作用，为各项具体测量工作和科学研究提供依据。

（二）平面控制测量

在传统测量工作中，平面控制通常采用导线测量和交会测量等常规方法建立。必要时，还要进行天文测量。目前，全球定位系统GPS已成为建立平面控制网的主要方法。

1.导线测量

将控制点用直线连接起来形成折线，称为导线，这些控制点称为导线点，点间的折线边称为导线边，相邻导线边之间的夹角称为转折角（又称导线折角，导线角）。另外，与坐标方位角已知的导线边（称为定向边）相连接的转折角，称为连接角（又称定向角）。通过观测导线边的边长和转折角，根据起算数据经计算而获得的导线点的平面坐标，即为导线测量。导线测量布设简单、每点仅需与前、后两点通视，选点方便，特别是在隐蔽地，区和建筑物多而通视困难的城市，应用起来方便灵活。

2.交会测量

交会测量是加密控制点常用的方法，它可以在数个已知控制点上设站，分别向待定点观测方向或距离，也可以在待定点上设站向数个已知控制点观测方向或距离，而后计算待定点的坐标。常用的交会测量方法有前方交会、后方交会、测边交会和自由设站。

（1）前方交会。前方交会即在已知控制点上设站观测水平角，根据已知点坐标和观测角值，计算待定点坐标的一种控制测量方法。

（2）后方交会。仅在待定点设站，向三个已知控制点观测两个水平夹角a、β，从而计算待定点的坐标，称为后方交会。

（3）测边交会。交会测量中，除了观测水平角外，也可测量边长交会定点，通常采用三边交会法。

(4)自由设站。自由设站就是在待定控制点上设站,向多个已知控制点观测方向和距离,并按间接平差方法计算待定点坐标的一种控制测量方法。间接平差以待定点的坐标平差值作为未知参数,根据方向观测值和边长观测值建立方向误差方程式和边长误差方程式,然后按最小二乘原理计算待定点坐标平差值。

二、地形测量

(一)碎部测图方法

碎部测量就是以控制点为基础,测定地物、地貌的平面位置和高程,并将其绘制成地形图的测量工作。碎部测量的实质就是测绘地物和地貌碎部点的平面位置和高程。碎部测量工作包括两个过程:一是测定碎部点的平面位置和高程,二是利用地图符号在图上绘制各种地物和地貌。

地面数字测图是指对利用全站仪、GPS接收机等仪器采集的数据及其编码,通过计算机图形处理而自动绘制地形图的方法。地面数字测图基本硬件包括:全站仪或GPS接收机、计算机和绘图仪等。软件基本功能主要有:野外数据的输入和处理、图形文件生成、等高线自动生成、图形编辑与注记和地形图自动绘制。

地面数字测图的工作内容包括野外数据采集与编码、数据处理与图形文件生成、地形图与测量成果报表输出。野外数据采集采用全站仪或GPS接收机进行观测,并自动记录观测数据或经计算后的碎部点坐标,每个碎部点记录通常有点号、观测值或坐标、符号码以及点之间的连线关系码。这些信息码用规定的数字代码表示。由于在地面数字测图中计算机是通过识别碎部点的信息码来自动绘制地形图符号的,因此,输入碎部点的信息码极为重要。数据处理包括数据预处理、地物点的图形处理和地貌点的等高线处理。数据预处理是对原始记录数据做检查,删除已废弃的记录与图形生成无关的记录,补充碎部点的坐标计算和修改含有错误的信息码并生成点文件。图形文件生成即根据点文件,将与地物有关的点记录生成地物图形文件,与等高线有关的点记录生成等高线图形文件。图形文件生成后可进行人机交互方式下的地形图编辑,主要包括删除错误的图形和无须表示的图形,修正不合理的符号表示,增添植被、土质等配置符号以及进行地形图注记,最终生成数字地形图的图形文件。地形图与测量成果报表输出,即将数字地形图用磁盘存储和通过自动绘图仪绘制地形图。

(二)地物测绘

1.地物测绘的一般原则

地物即地球表面上自然和人造的固定性物体,它与地貌一起总称地形。

地物在地形图上表示的原则是:凡能按比例尺表示的地物,则将它们的水平投影位置的几何形状依照比例尺描绘在地形图上,如房屋、双线河等,或将其边界位置按比例尺表示在图上，边界内绘上相应的符号，如果园、森林、耕地等；不能按比例尺表示的地物，在地形图上是用相应的地物符号表示在地物的中心位置上，如水塔、烟囱、纪念碑等；凡是长度能按比例尺表示，而宽度不能按比例尺表示的地物，则其长度按比例尺表示，宽度以相应符号表示。

地物测绘必须根据规定的比例尺，按规范和图式的要求，进行综合取舍，将各种地物表示在地形图上。

地物的类别、形状、大小及其在图上的位置，是用地物符号表示的。根据地物的大小及描绘方法不同，地物符号可被分为：比例符号、非比例符号、半比例符号及地物注记。

2.地物测绘的方法

(1)居民地测绘。居民地是人类居住和进行各种活动的中心场所，它是地形图上一项重要内容。在居民地测绘时，应在地形图上表示出居民地的类型、形状、质量和行政意义等。测绘居民地时根据测图比例尺的不同，在综合取舍方面有所不同。

(2)独立地物测绘。独立地物是判定方位、确定位置、指定目标的重要标志，必须准确测绘并按规定的符号正确予以表示。

(3)道路测绘。道路包括铁路、公路及其他道路。所有铁路、有轨电车道、公路、大车路、乡村路均应测绘。车站及其附属建筑物、隧道、桥涵、路堑、路堤、里程碑等均须表示。在道路稠密地区，次要的人行路可适当取舍。

(4)管线与垣栅测绘。永久性的电力线、通信线的电杆、铁塔位置应实测。同一杆上架有多种线路时，应表示其中主要线路，并要做到各种线路走向连贯、线类分明。居民地、建筑区内的电力线、通信线可不连线，但应在杆架处绘出连线方向。电杆上有变压器时，变压器的位置按其与电杆的相应位置绘出。

(5)水系的测绘。水系测绘时，海岸、河流、溪流、湖泊、水库、池塘、沟渠、泉、井以及各种水工设施均应实测。河流、沟渠、湖泊等地物，通常无特殊要求时均以岸边为界，如果要求测出水崖线(水面与地面的交线)、洪水位(历史上最高水位的位置)及平水位(常年一般水位的位置)时，应按要求在调查研究的基础上进行测绘。

(6)植被与土质测绘。植被测绘时，对于各种树林、苗圃、灌木林丛、散树、独立树、行树、竹林、经济林等，要测定其边界。若边界与道路、河流、栏栅等重合时，则可不绘出地类界，但与境界、高压线等重合时，地类界应移位表示。对经济林应加以种类说明注记。要测出农村用地的范围，并区分出稻田、旱地、菜地、经济作物地和水中经济作物区等。一年几季种植不同作物的耕地，以夏季主要作物为准。田埂的宽度在图上大于1mm(1∶500测图时大于2mm)时用双线描绘，田块内要测注有代表性的高程。

地形图上要测绘沼泽地、沙地、岩石地、皲裂地、盐碱地等。

3.地貌测绘

地貌是地球表面上高低起伏的总称，是地形图上最主要的要素之一。在地形图上，表示地貌的方法很多，目前常用的是等高线法。对于等高线不能表示或不能单独表示的地貌，通常配以地貌符号和地貌注记来表示。

第五节　与水利工程测量相关的测量技术规范

为了对水利工程及建筑物特性的研究，采集有科学研究价值的数据，准确掌握工程状态和运用情况，及时发现工程隐患，充分发挥工程效益，因此近年来水利工程加大了对工程观测技术方面的投入，并在工程建设和使用过程中发挥了巨大的作用。

水利工程检查观测的目的是：掌握工程状态变化和工作情况，为施工控制、完善设计和安全有效地运用提供科学依据；及时发现不正常现象，分析原因，以便进行适当的养护修理或采取必要的工程对策；取得实际资料，验证设计及科技成果。

对水利工程在施工和运用期间工作情况和状态变化的表面观察和原型观测。前者主要指经常性的，有时也包括临时性的检查，可凭直观从外表观察工程情况和发现工程缺陷；后者是在有代表性的工程部位，埋设观测设备，定期用仪器进行观测，可以得到工程内外有代表性部位状态变化的物理数据。二者互相补充，为分析判断工程的工作和安全情况提供较为全面的资料。

水利工程检查观测项目一般有：水工建筑物检查、水工建筑物观测（水平、垂直）、大坝安全监测，包括渗透压力、渗透流量检测等，滑坡观测和河道观测等。

水利工程观测工作，包括四个环节。

观测设计：在工程设计阶段或运用中需要增加观测项目时，根据建筑物特点和需要进行观测项目的确定、观测仪器设备的选型和测点的布置；观测仪器设备的埋设：按埋设要求妥善处理，并及时取得原始测量数据和参考证据的资料；现场观测：按规定的时间、操作方法和精度要求进行观测；观测资料的整理分析和整编：包括现场检查核对；对测值进行计算、整理；结合检查成果和工程设计、施工、运行等资料整编刊印和存档。

水利工程观测工作主要包括以下几个方面的内容：垂直位移：沉降、沉陷、垂直位移的统称，是指建筑物在竖向的整体移动；水平位移：位移、水平位移的统称，是指建筑物在水平面的整体移动；观测标点：设置在建筑物上，能反映建筑物变形特征，作为变形测量用的固定标志，如垂直位移、水平位移、裂缝、伸缩缝等观测点；基准点：在变形测量中，作为测量工作基点及观测点依据的稳定可靠的点；工作基点：为直接测定观测点的较稳定的控制点，分垂直位移工作基点和水平位移工作基点；水准基点：垂直位移测量中作为测定测区内各级水准点、观测点高程依据的基准点；观测墩：水平位移观测设置的顶面有中心标志及同心装置，并能安装测量仪器及观测照准目标的设施；测压管：埋在水工建筑物中，用于测量渗流压力的设施，一般用钢管制成；扬压力：水工建筑物基础浮托力和渗流压力的总和；浸润线：堤防和土石坝坝体内渗流水压力的自由表面位置；渗流量：水工建筑物在水头作用下形成的渗透水量；渗流压力：水工建筑物地基或堤、坝体内渗流场的水压力；观测资料整编：对观测的原始资料和平时整理分析成果，进行汇集、校核、检查、分析、整理和刊印，使之成为系统化、规格化的成果。

一、观测工作的基本要求

保持观测工作的系统性和连续性，按照规定的项目、测次和时间，在现场进行观测。应做到随观测、随记录、随计算、随校核、无缺测、无漏测、无不符合精度、无违时，测次和时间应固定，人员和设备宜固定。

记录制度。外业观测值和记事项目均应在现场直接记录于手簿中，需现场计算检验的项目，必须在现场计算填写。

外业原始记录内容必须真实、准确，字迹应力求清晰端正，不得潦草模糊；原始记录手簿每册页码应连续编号，记录中间不得留下空页，严禁缺页、插页。如某一观测项目观测数据无法记于同一手簿中，在内业资料整理时可以整理在同一手簿中，但必须注明原始记录手簿编号。每次观测结束后，应及时对记录资料进行计算和整理，并对观测成果进行初步分析，如发现观测精度不符合要求，应重测。

如发现异常情况，应即复测，查明原因并报上级主管部门，同时加强观测，必要时采取应急工程措施。

在对观测资料进行初步整理、核实无误后，应将观测报表于规定时间报送上级主管部门。管理人员应加强对观测设施的维护，防止人为损坏。

工程施工期间，应采取妥善防护措施，如确需拆除或覆盖现有观测设施，应在原观测设施附近重新埋设新观测设施，并加以考证。

二、观测项目

1.水库工程

水库工程大坝观测项目详见表5-1。

表5-1水库工程大坝观测项目

工程类别	垂直位移	水平位移	坝体渗流压力	坝基渗流压力	坝基渗流量	侧岸绕渗	浸润线	裂缝	伸缩缝	孔隙水压力	土压力
大型水库大坝	√	√	√	√	√	√	√				
中型水库大坝	√	√			√		√				

注:表中打"√"的为一般性观测项目,其他均为专门性观测项目。

若水库大坝出现可能影响工程安全的裂缝后,应进行裂缝观测。

松软坝基的水库大坝,应进行伸缩缝观测。

均质土坝、松软坝基、土质防渗体土石坝等类型水库大坝宜进行土体孔陈水压力和土压力观测。

2.水闸工程

水闸工程观测项目详见表5-2。

表5-2水闸工程观测项目

工程类别	垂直位移	水平位移	闸基扬压力	侧岸绕渗	裂缝	伸缩缝	水流形态	土压力
大型水库大坝	√		√	√				
中型水库大坝	√							

注:表中打"√"的为一般性观测项目,其他均为专门性观测项目。

当水闸工程地基条件差或水闸建筑物受力不均匀时,应进行水平位移和伸缩缝观测。

水闸工程建筑物发生可能影响结构安全的裂缝后,应进行裂缝观测。

水闸工程在控制运用时,根据工程运用方式、水位流量组合情况可不定期进行水流形态观测,发生超标准运用时,应加强观测。

3.泵站工程

泵站工程观测项目见表5-3。

表5-3泵站工程观测项目

工程类别	垂直位移	水平位移	闸基扬压力	侧岸绕渗	裂缝	伸缩缝	水流形态	土压力
大型水库大坝	√		√	√				
中型水库大坝	√							

注:表中打“√”的为一般性观测项目。其他均为专门性观测项目。

当泵站地基条件差或泵站建筑物受力不均匀时,应进行水平位移和伸缩缝观测。

泵站建筑物发生可能影响结构安全的裂缝后,应进行裂缝观测。

泵站工程可进行土压力观测。

4.河道工程

河道工程观测项目见表5-4。

表5-4河道工程观测项目

工程类别	固定断面	河道地形	河势
一般河道	√	√	
建筑物引河	√	√	

注:表中打“√”的为一般性观测项目,其他均为专门性观测项目。

河型变化较剧烈的河段应对水流的流态变化、主流走向、横向摆幅及岸滩冲淤变化情况进行常年观测或汛期跟踪观测,分析河势变化及其发展趋势。

汛期受水流冲刷岸崩现象较剧烈的河段,应对崩岸段的崩塌体形态、规模、发展趋势及渗水点出逸位置等进行跟踪监测。

5.堤防工程

堤防工程观测项目见表5-5。

表5-5堤防工程观测项目

工程类别	垂直位移	堤身断面	堤身浸润线	堤体渗流压力	堤基渗流压力	裂缝	波浪	土压力
1级堤防	√	√	√	√	√			
2、3级堤防	√	√						

注:表中打“√”的为一般性观测项目,其他均为专门性观测项目。

当堤身出现可能影响工程安全的裂缝时,应进行裂缝观测。

受波浪影响较剧烈的堤防工程，宜选择适当地点进行波浪观测。

堤防工程可进行土压力观测。

第六章　水利工程施工质量控制

现代经济的发展与自然环境的逐渐变化提高了对于水利工程的需求，在现代农业发展与水利疏导中，水利工程设施的施工质量非常关键。良好的水利工程施工质量控制能够保证工程建设施工质量，为水利工程使用过程中的安全打下坚实的基础。本章就对施工中如何进行质量控制展开讲述。

第一节　质量管理与质量控制

一、掌握质量管理与质量控制的关系

1.质量管理

(1)质量管理是指确立质量方针及实施质量方针的全部职能及工作内容，并对其工作效果进行评价和改进的一系列工作。

(2)按照质量管理的概念，组织必须通过建立质量管理体系实施质量管理。其中，质量方针是组织最高管理者的质量宗旨、经营理念和价值观的反映。在质量方针的指导下，通过质量管理手册、程序性管理文件、质量记录的制定，并通过组织制度的落实、管理人员与资源配置、质量活动的责任分工与权限界定等，形成组织质量管理体系的运行机制。

2.质量控制

(1)质量控制是质量管理的一部分，致力于满足质量要求的一系列相关活动。由于建设工程项目的质量要求是由业主(或投资者项目法人)提出的，即建设工程项目的质量总目标，是业主的建设意图通过项目策划，包括项目的定义及建设规模、系统构成、使用功能和价值、规格档次标准等的定位策划和目标决策来确定的。因此，建设工程项目质量控制，在工程勘察设计、招标采购、施工安装、竣工验收等各个阶段，项目干系人均应围绕着致力于满足业主要求的质量总目标而展开。

(2)质量控制所致力的一系列相关活动，包括作业技术活动和管理活动。产品或服务质量的产生，归根结底是由作业技术过程直接形成的。因此，作业技术方法的正

确选择和作业技术能力的充分发挥，就是质量控制的关键点，它包含了技术和管理两个方面。必须认识到，组织或人员具备相关的作业技术能力，只是产出合格产品或服务质量的前提，在社会化大生产的条件下，只有通过科学的管理，对作业技术活动过程进行组织和协调，才能使作业技术能力得到充分发挥，实现预期的质量目标。

(3)质量控制是质量管理的一部分而不是全部。两者的区别在于概念不同、职能范围不同和作用不同。质量控制是在明确的质量目标和具体的条件下，通过行动方案和资源配置的计划、实施、检查和监督，进行质量目标的事前预控、事中控制和事后纠偏控制，实现预期质量目标的系统过程。

二、了解质量控制

质量控制的基本原理是运用全面全过程质量管理的思想和动态控制的原理，进行质量的事前预控、事中控制和事后纠偏控制。

1.事前质量预控

事前质量预控就是要求预先进行周密的质量计划，包括质量策划、管理体系、岗位设置，把各项质量职能活动，包括作业技术和管理活动建立在有充分能力、条件保证和运行机制的基础上。对于建设工程项目，尤其施工阶段的质量预控，就是通过施工质量计划或施工组织设计或施工项目管理设施规划的制订过程，运用目标管理的手段，实施工程质量事前预控，或称为质量的计划预控。

事前质量预控必须充分发挥组织的技术和管理方面的整体优势，把长期形成的先进技术、管理方法和经验智慧，创造性地应用于工程项目。

事前质量预控要求针对质量控制对象的控制目标、活动条件、影响因素进行周密分析，找出薄弱环节，制订有效的控制措施和对策。

2.事中质量控制

事中质量控制也称作业活动过程质量控制，是指质量活动主体的自我控制和他人监控的控制方式。自我控制是第一位的，即作业者在作业过程中对自己质量活动行为的约束和技术能力的发挥，以完成预定质量目标的作业任务；他人监控是指作业者的质量活动过程和结果，接受来自企业内部管理者和来自企业外部有关方面的检查检验，如工程监理机构、政府质量监督部门等的监控。事中质量控制的目标是确保工序质量合格，杜绝质量事故发生。

由此可知，质量控制的关键是增强质量意识，发挥操作者的自我约束、自我控制，即坚持质量标准是根本的，他人监控是必要的补充，没有前者或用后者取代前者都是不正确的。因此，有效进行过程质量控制，就在于创造一种过程控制的机制和活力。

3.事后质量控制

事后质量控制也称为事后质量把关，以使不合格的工序或产品不流入后道工序、不流入市场。事后质量控制的任务就是对质量活动结果进行评价、认定，对工序质量偏差进行纠正，对不合格产品进行整改和处理。

从理论上分析，对于建设工程项目，如果计划预控过程所制定的行动方案考虑得越周密，事中自控能力越强、监控越严格，则实现质量预期目标的可能性就越大。理想的状况就是希望做到各项作业活动“一次成活”“一次交验合格率达100%”。但要达到这样的管理水平和质量形成能力是相当不容易的，即使坚持不懈的努力，也还可能有个别工序或分部分项施工质量会出现偏差，这是因为在作业过程中不可避免地会存在一些计划是难以预料的因素，包括系统因素和偶然因素的影响。

建设工程项目质量的事后控制，具体体现在施工质量验收各个环节的控制方面。

以上系统控制的三大环节，不是孤立和截然分开的，它们之间构成有机的系统过程，实质上也就是质量管理PDCA循环的具体化，并在每一次滚动循环中不断提高，达到质量管理和质量控制的持续改进。

第二节　建设工程项目质量控制系统

一、掌握建设工程项目质量控制系统的构成

这里所称的建设工程项目质量控制系统，在实践中可能有多种叫法，不尽一致，也没有统一规定。常见的叫法有质量管理体系、质量控制体系、质量管理系统、质量控制网络、质量管理网络、质量保证系统等。工程项目开工前，总监理工程师应审查承包单位现场项目管理机构的质量管理体系、技术管理体系和质量保证体系，确能保证工程项目施工质量时予以确认。对质量管理体系、技术管理体系和质量保证体系应审核以下内容：质量管理技术管理和质量保证的组织机构；质量管理、技术管理制度；专职管理人员和特种作业人员的资格证上岗证。

建设工程项目的现场质量控制，除承包单位和监理机构外，业主、分包商及供货商的质量责任和控制职能仍然必须纳入工程项目的质量控制系统。因此，这个系统无论叫什么名字，其内容和作用是一致的。需要强调的是，要正确理解这类系统的性质、范围、结构、特点以及建立和运行的原理并加以应用。

（一）项目质量控制系统的性质

建设工程项目质量控制系统既不是建设单位的质量管理体系或质量保证体系，也不是工程承包企业的质量管理体系或质量保证体系，而是建设工程项目目标控制的一个工作系统，具有下列性质：

1. 建设工程项目质量控制系统是以工程项目为对象，由工程项目实施的总组织者负责建立的面向对象开展质量控制的工作体系。

2.建设工程项目质量控制系统是建设工程项目管理组织的一个目标控制体系，它与项目投资控制、进度控制、职业健康安全与环境管理等目标控制体系，共同依托于同一项目管理的组织机构。

3.建设工程项目质量控制系统根据工程项目管理的实际需要而建立，随着建设工程项目的完成和项目管理组织的解体而消失，因此是一个一次性的质量控制工作体系，不同于企业的质量管理体系。

（二）项目质量控制系统的范围

建设工程项目质量控制系统的范围，包括按项目范围管理的要求，列入系统控制的建设工程项目构成范围；项目实施的任务范围，即由工程项目实施的全过程或若干阶段进行定义；项目质量控制所涉及的责任主体范围。

1.系统涉及的工程范围

系统涉及的工程范围，一般根据项目的定义或工程承包合同来确定。具体来说可能有以下三种情况：

（1）建设工程项目范围内的全部工程。

（2）建设工程项目范围内的某一单项工程或标段工程。

（3）建设工程项目某单项工程范围内的一个单位工程。

2.系统涉及的任务范围

建设工程项目质量控制系统服务于建设工程项目管理的目标控制，因此其质量控制的系统职能应贯穿于项目的勘察、设计、采购、施工和竣工验收等各个实施环节，即建设工程项目全过程质量控制的任务或若干阶段承包的质量控制任务。

3.系统涉及的主体范围

建设工程项目质量控制系统所涉及的质量责任自控主体和监控主体，通常情况下包括建设单位、设计单位、工程总承包企业、施工企业、建设工程监理机构、材料设备供应厂商等。这些质量责任和控制主体，在质量控制系统中的地位和作用不同。承担建设工程项目设计、施工或材料设备供货的单位，具有直接的产品质量责任，属质量控制系统中的自控主体；在建设工程项目实施过程，对各质量责任主体的质量活动行为和活动结果实施监督控制的组织，称为质量监控主体，如业主项目监理机构等。

（三）项目质量控制系统的结构

建设工程项目质量控制系统，一般情况下形成多层次、多单元的结构形态，这是由其实施任务的委托方式和合同结构所决定的。

1.多层次结构

多层次结构是相对于建设工程项目工程系统纵向垂直分解的单项、单位工程项目质量控制子系统。在大中型建设工程项目，尤其是群体工程的建设工程项目，第一层面的质量控制系统应由建设单位的建设工程项目管理机构负责建立，在委托代建、委托项目管理或实行交钥匙式工程总承包的情况下，应由相应的代建方项目管理机构、受托项目管理机构或工程总承包企业项目管理机构负责建立。第二层面的质量控制系统，通常是指由建设工程项目的设计总负责单位施工总承包单位等建立的相应管理范围内的质量控制系统。第三层面及其以下是承担工程设计、施工安装、材料设备供应等各承包单位的现场质量自控系统，或称各自的施工质量保证体系。系统纵向层次机构的合理性是建设工程项目质量目标，控制责任和措施分解落实的重要保证。

2. 多单元结构

多单元结构是指在建设工程项目质量控制总体系统下，第二层面的质量控制系统及其以下的质量自控或保证体系可能有多个。这是项目质量目标、责任和措施分解的必然结果。

（四）项目质量控制系统的特点

如前所述，建设工程项目质量控制系统是面向对象而建立的质量控制工作体系，它和建筑企业或其他组织机构按照质量管理体系，有如下的不同点：

1. 建立的目的不同。建设工程项目质量控制系统只用于特定的建设工程项目质量控制，而不是用于建筑企业或组织的质量管理，即建立的目的不同。

2. 服务的范围不同。建设工程项目质量控制系统涉及建设工程项目实施过程所有的质量责任主体，而不只是某一个承包企业或组织机构，即服务的范围不同。

3. 控制的目标不同。建设工程项目质量控制系统的控制目标是建设工程项目的质量标准，并非某一具体建筑企业或组织的质量管理目标，即控制的目标不同。

4. 作用的时效不同。建设工程项目质量控制系统与建设工程项目管理组织系统相融合，是一次性的质量工作系统，并非永久性的质量管理体系，即作用的时效不同。

5. 评价的方式不同。建设工程项目质量控制系统的有效性一般由建设工程项目管理的，令组织者进行自我评价与诊断，不需进行第三方认证，即评价的方式不同。

二、建设工程项目质量控制系统的建立

建设工程项目质量控制系统的建立，实际上就是建设工程项目质量总目标的确定和分解过程，也是建设工程项目各参与方之间质量管理关系和控制责任的确立过程。为了保证、质量控制系统的科学性和有效性，必须明确系统建立的原则、内容、程序和主体。

1. 建立的原则

实践经验表明，建设工程项目质量控制系统的建立，遵循以下原则对于质量目标的总体规划、分解和有效实施控制是非常重要的。

(1)分层次规划的原则

建设工程项目质量控制系统的分层次规划,是指建设工程项目管理的总组织者(建设单位或代建制项目管理企业)和承担项目实施任务的各参与单位,分别进行建设工程项目质量控制系统不同层次和范围的规划。

(2)总目标分解的原则

建设工程项目质量控制系统总目标的分解,是根据控制系统内工程项目的分解结构,将工程项目的建设标准和质量总体目标分解到各个责任主体,明示于合同条件,由各责任主体制订出相应的质量计划,确定其具体的控制方式和控制措施。

(3)质量责任制的原则

建设工程项目质量控制系统的建立,应按照建筑法和建设工程质量管理条例有关建设工程质量责任的规定,界定各方的质量责任范围和控制要求。

(4)系统有效性的原则

建设工程项目质量控制系统,应从实际出发,结合项目特点、合同结构和项目管理组织系统的构成情况,建立项目各参与方共同遵循的质量管理制度和控制措施,并形成有效的运行机制。

2.建立的程序

工程项目质量控制系统的建立过程,一般可按以下环节依次展开工作。

(1)确立系统质量控制网络

首先明确系统各层面的建设工程质量控制负责人。一般应包括承担项目实施任务的项目经理(或工程负责人)、总工程师,项目监理机构的总监理工程师、专业监理工程师等,以形成明确的项目质量控制责任者的关系网络架构。

(2)制定系统质量控制制度

系统质量控制制度包括质量控制例会制度、协调制度、报告审批制度、质量验收制度和质量信息管理制度等。形成建设工程项目质量控制系统的管理文件或手册,作为承担建设工程项目实施任务各方主体共同遵循的管理依据。

(3)分析系统质量控制界面

建设工程项目质量控制系统的质量责任界面,包括静态界面和动态界面。静态界面根据法律法规、合同条件、组织内部职能分工来确定。动态界面是指项目实施过程设计单位之间、施工单位之间、设计与施工单位之间的衔接配合关系及其责任划分,必须通过分析研究,确定管理原则与协调方式。

(5)编制系统质量控制计划

建设工程项目管理总组织者,负责主持编制建设工程项目总质量计划,并根据质量控制系统的要求,部署各质量责任主体编制与其承担任务范围相符的质量计划,并按规定程序完成质量计划的审批,作为其实施自身工程质量控制的依据。

3.建立的主体

按照建设工程项目质量控制系统的性质、范围和主体的构成，一般情况下其质量控制系统应由建设单位或建设工程项目总承包企业的工程项目管理机构负责建立。在分阶段依次对勘察、设计、施工、安装等任务进行分别招标发包的情况下，通常应由建设单位或其委托的建设工程项目管理企业负责建立，各承包企业根据建设工程项目质量控制系统的要求，建立隶属于建设工程项目质量控制系统的设计项目、施工项目、采购供应项目等质量控制子系统（可称相应的质量保证体系），以具体实施其质量责任范围内的质量管理和目标控制。

三、建设工程项目质量控制系统的运行

建设工程项目质量控制系统的建立，为建设工程项目的质量控制提供了组织制度方面的保证。建设工程项目质量控制系统的运行，实质上就是系统功能的发挥过程，也是质量活动职能和效果的控制过程。然而，质量控制系统要能有效地运行，还有赖于系统内部的运行环境和运行机制的完善。

1.运行环境

建设工程项目质量控制系统的运行环境，主要是指以下几方面。

（1）建设工程的合同结构

建设工程合同是联系建设工程项目各参与方的纽带，只有在建设工程项目合同结构合理、质量标准和责任条款明确，并严格进行履约管理的条件下，质量控制系统的运行才能成为各方的自觉行动。

（2）质量管理的资源配置

质量管理的资源配置包括专职的工程技术人员和质量管理人员的配置，以及实施技术管理和质量管理所必需的设备设施、器具、软件等物质资源的配置。人员和资源的合理配置是质量控制系统得以运行的基础条件。

（3）质量管理的组织制度

建设工程项目质量控制系统内部的各项管理制度和程序性文件的建立，为质量控制系统各个环节的运行，提供必要的行动指南、行为准则和评价基准的依据，是系统有序运行的基本保证。

2.运行机制

建设工程项目质量控制系统的运行机制，是由一系列质量管理制度安排所形成的内在能力。运行机制是质量控制系统的生命，机制缺陷是造成系统运行无序、失效和失控的重要原因。因此，在系统内部的管理制度设计时，必须予以高度的重视，防止重要管理制度的缺失、制度本身的缺陷制度之间的矛盾等现象出现，才能为系统的运行注入动力机制、约束机制、反馈机制和持续改进机制。

(1)动力机制

动力机制是建设工程项目质量控制系统运行的核心机制,它来源于公正、公开、公平的竞争机制和利益机制的制度设计或安排。这是因为建设工程项目的实施过程是由多主体参与的价值增值链,只有保持合理的供方及分供方等各方关系,才能形成合力,这是建设工程项目成功的重要保证。

(2)约束机制

没有约束机制的控制系统是无法使工程质量处于受控状态的,约束机制取决于各主体内部的自我约束能力和外部的监控效力。约束能力表现为组织及个人的经营理念、质量意识、职业道德及技术能力的发挥;监控效力取决于建设工程项目实施主体外部对质量工作的推动和检查监督。两者相辅相成,构成了质量控制过程的制衡关系。

(3)反馈机制

运行的状态和结果的信息反馈是对质量控制系统的能力和运行效果进行评价,并及时为处置提供决策依据。因此,必须有相关的制度安排,保证质量信息反馈的及时和准确,保持质量管理者深入生产第一线,掌握第一手资料,才能形成有效的质量信息反馈机制。

(4)持续改进机制

在建设工程项目实施的各个阶段,不同的层面、不同的范围和不同的主体间,应用PDCA循环原理,即计划、实施、检查和处置的方式展开质量控制,同时必须注重抓好控制点的设置,加强重点控制和例外控制,并不断寻求改进机会、研究改进措施。这样才能保证建设工程项目质量控制系统不断完善和持续改进,不断提高质量控制能力和控制水平。

第三节　建设工程项目施工质量控制

建设工程项目的施工质量控制,有两个方面的含义。一是指建设工程项目施工承包企业的施工质量控制,包括总包的分包的综合的和专业的施工质量控制;二是指广义的施工阶段建设工程项目质量控制,即除承包方的施工质量控制外,还包括业主的、设计单位、监理单位以及政府质量监督机构,在施工阶段对建设工程项目施工质量所实施的监督管理和控制职能。因此,从建设工程项目管理的角度,应全面理解施工质量控制的内涵,并掌握建设工程项目施工阶段质量控制任务目标与控制方式、施工质量计划的编制、施工生产要素和作业过程的质量控制方法,熟悉施工质量控制的主要途径。

一、掌握施工阶段质量控制的目标

1.施工阶段质量控制的任务目标

建设工程项目施工质量的总目标，是实现由建设工程项目决策、设计文件和施工合同所决定的预期使用功能和质量标准。尽管建设单位、设计单位施工单位、供货单位和监理机构等，在施工阶段质量控制的地位和任务目标不同，但从建设工程项目管理的角度，都是致力于实现建设工程项目的质量总目标。因此，施工质量控制目标以及建筑工程施工质量验收依据，可具体表述如下。

（1）建设单位的控制目标

建设单位在施工阶段，通过对施工全过程、全面的质量监督管理、协调和决策，保证竣工项目达到投资决策所确定的质量标准。

（2）设计单位的控制目标

设计单位在施工阶段，通过对关键部位和重要施工项目施工质量验收签证设计变更控制及纠正施工中所发现的设计问题，采纳变更设计的合理化建议等，保证竣工项目的各项施工结果与设计文件（包括变更文件）所规定的质量标准相一致。

（3）施工单位的控制目标

施工单位包括职工总包和分包单位，作为建设工程产品的生产者和经营者，应根据施工合同的任务范围和质量要求，通过全过程、全面的施工质量自控，保证最终交付满足施工合同及设计文件所规定质量标准的建设工程产品。我国规定，施工单位对建设工程的施工质量负责；分包单位应当按照分包合同的约定对其分包工程的质量向总承包单位负责，总承包单位与分包单位对分包工程的质量承担连带责任。

（4）供货单位的控制目标

建筑材料、设备、构配件等供应厂商，应按照采购供货合同约定的质量标准提供货物及其质量保证、检验试验单据、产品规格和使用说明书，以及其他必要的数据和资料，并对其产品质量负责。

（5）监理单位的控制目标

建设工程监理单位在施工阶段，通过审核施工质量文件、报告报表及采取现场旁站、巡视、平行检测等形式进行施工过程质量监理，并应用施工指令和结算支付控制等手段，监控施工承包单位的质量活动行为、协调施工关系，正确履行对工程施工质量的监督责任，以保证工程质量达到施工合同和设计文件所规定的质量标准。我国规定建设工程监理人员认为工程施工不符合工程设计要求、施工技术标准和合同约定的，有权要求建筑施工企业改正。

2.施工阶段质量控制的方式

在长期建设工程施工实践中，施工质量控制的基本方式可以概括为自主控制与监督控制相结合的方式,事前预控与事中控制相结合的方式,动态跟踪与纠偏控制相结合的方式,以及这些方式的综合运用。

二、施工质量计划的编制方法

1.施工质量计划的编制主体和范围

施工质量计划应由自控主体即施工承包企业进行编制。在平行承发包方式下,各承包单位应分别编制施工质量计划;在总分包模式下,施工总承包单位应编制总承包工程范围的施工质量计划,各分包单位编制相应分包范围的施工质量计划,作为施工总承包方质量计划的深化和组成。施工总承包方有责任对各分包施工质量计划的编制进行指导和审核,并承担相应施工质量的连带责任。

施工质量计划编制的范围,从工程项目质量控制的要求,应与建筑安装工程施工任务的实施范围相一致,以此保证整个项目建筑安装工程的施工质量总体受控;对具体施工任务承包单位而言,施工质量计划的编制范围,应能满足其履行工程承包合同质量责任的要求。建设工程项目的施工质量计划,应在施工程序、控制组织、控制措施、控制方式等方面,形成一个有机的质量计划系统,确保项目质量总目标和各分解目标的控制能力。

2.施工质量计划的审批程序与执行

施工单位的项目施工质量计划或施工组织设计文件编成后应按照工程施工管理程序进行审批,施工质量计划的审批程序与执行包括施工企业内部的审批和项目监理机构的审查。

(1)企业内部的审批

施工单位的项目施工质量计划或施工组织设计的编制与审批,应根据企业质量管理程序性文件规定的权限和流程进行。通常由项目经理部主持编制,报企业组织管理层批准并报送项目监理机构核准确认。

施工质量计划或施工组织设计文件的审批过程,是施工企业自主技术决策和管理决策的过程,也是发挥企业职能部门与施工项目管理团队的智慧和经验的过程。

(2)监理工程师的审查

实施工程监理的施工项目,按照我国建设工程监理规范的规定,施工承包单位必须填写《施工组织设计(方案)报审表》并附施工组织设计(方案),报送项目监理机构审查相关。规范规定项目监理机构在工程开工前,总监理工程师应组织专业监理工程师审查承包单位报送的施工组织设计(方案)报审表,提出意见,经总监理工程师审核、签认后报建设单位。

(3)审批关系的处理原则

正确执行施工质量计划的审批程序,是正确理解工程质量目标和要求,保证施工部署技术工艺方案和组织管理措施的合理性、先进性及经济性的重要环节，也是进行施工质量事前预控的重要方法。因此，在执行审批程序时，必须正确处理施工企业内部审批和监理工程师审批的关系，其基本原则如下：

1)充分发挥质量自控主体和监控主体的共同作用，在坚持项目质量标准和质量控制能力的前提下，正确处理承包人利益和项目利益的关系；施工企业内部的审批首先应从履行工程承包合同的角度，审查实现合同质量目标的合理性和可行性，以项目质量计划取得发包方的信任。

2)施工质量计划在审批过程中，对监理工程师审查所提出的建议、希望、要求等意见是否采纳以及采纳的程度，应由负责质量计划编制的施工单位自主决策。在满足合同和相关法规要求的情况下，确定质量计划的调整、修改和优化，并承担相应执行结果的责任。

3)经过按规定程序审查批准的施工质量计划，在实施过程如因条件变化需要对某些重要决定进行修改时，其修改内容仍应按照相应程序经过审批后执行。

3.施工质量控制点的设置与管理

(1)质量控制点的设置

施工质量控制点的设置，是根据工程项目施工管理的基本程序，结合项目特点，在制订项目总体质量计划后，列出各基本施工过程对局部和总体质量水平有影响的项目，作为具体实施的质量控制点。如高层建筑施工质量管理中，基坑支护与地基处理、工程测量与沉降观测、大体积钢筋混凝土施工、工程的防排水、钢结构的制作、焊接及检测、大型设备吊装及有关分部分项工程中必须进行重点控制的内容或部位，可列为质量控制点。通过质量控制点的设定，质量控制的目标及工作重点就能更加明晰，事前质量预控的措施也就更加明确。施工质量控制点的事前质量预控工作包括：明确质量控制的目标与控制参数；制定技术规程和控制措施，如施工操作规程及质量检测评定标准；确定质量检查检验方式及抽样的数量与方法；明确检查结果的判断标准及质量记录与信息反馈要求

(2)质量控制点的实施

施工质量控制，点的实施主要是通过控制点的动态设置和动态跟踪管理来实现。所谓动态设置，是指一般情况下在工程开工前、设计交底和图纸会审时，可确定一批整个项目的质量控制点，随着工程的展开施工条件的变化，随时或定期进行控制点范围的调整和更新。动态跟踪是应用动态控制原理，落实专人负责跟踪和记录控制点质量控制的状态及效果，并及时向项目管理组织的高层管理者反馈质量控制信息，保持施工质量控制点的受控状态。

3.施工生产要素的质量控制

施工生产要素是施工质量形成的物质基础，其质量的含义包括：作为劳动主体的

施工人员，即直接参与施工的管理者、作业者的素质及其组织效果；作为劳动对象的建筑材料、半成品、工程用品、设备等的质量；作为劳动方法的施工工艺及技术措施的水平；作为劳动手段的施工机械、设备、工具、模具等的技术性能；以及施工环境一现场水文、地质气象等自然环境，通风照明、安全等作业环境以及协调配合的管理环境。

（1）劳动主体的控制

施工生产要素的质量控制中的劳动主体的控制包括工程各类参与人员的生产技能、文化素养、生理体能心理行为等方面的个体素质及经过合理组织充分发挥其潜在能力的群体素质。因此，企业应通过择优录用、加强思想教育及技能方面的教育培训，合理组织、严格考核，并辅以必要的激励机制，使企业员工的潜在能力得到最好的组合和充分的发挥，从而保证劳动主体在质量控制系统中发挥主体自控作用。施工企业必须坚持对所选派的项目领导者、管理者进行质量意识教育和组织管理能力训练；坚持对分包商的资质考核和施工人员的资格考核；坚持工种按规定持证上岗制度。

（2）劳动对象的控制

原材料、半成品及设备是构成工程实体的基础，其质量是工程项目实体质量的组成部分。因此，加强原材料、半成品及设备的质量控制，不仅是保证工程质量的必要条件，也是实现工程项目投资目标和进度目标的前提。要优先采用节能降耗的新型建筑材料，禁止使用国家明令淘汰的建筑材料。

对原材料、半成品及设备进行质量控制的主要内容为：控制材料设备性能、标准与设计文件的相符性；控制材料设备各项技术性能指标、检验测试指标与标准要求的相符性；控制材料设备进场验收程序及质量文件资料的齐全程度等。

施工企业应在施工过程中贯彻执行企业质量程序文件中材料设备在封样、采购、进场检验、抽样检测及质保资料提交等方面一系列明确规定的控制标准。

（3）施工工艺的控制

施工工艺的衔接合理是直接影响工程质量、工程进度及工程造价的关键因素，施工工艺的合理可靠也直接影响到工程施工安全。因此，在工程项目质量控制系统中，制订和采用先进、合理、可靠的施工技术工艺方案，是工程质量控制的重要环节。对施工方案的质量控制主要包括以下内容：

1）全面正确地分析工程特征、技术关键及环境条件等资料，明确质量目标、验收标准、控制点的重点和难点。

2）制订合理有效的有针对性的施工技术方案和组织方案，前者包括施工工艺施工方法，后者包括施工区段划分、施工流向及劳动组织等。

3）合理选用施工机械设备和施工临时设施，合理布置施工总平面图和各阶段施工平面图。

4)选用和设计保证质量与安全的模具、脚手架等施工设备。

5)编制工程所采用的新材料、新技术、新工艺的专项技术方案和质量管理方案。

(4)施工设备的控制

1)对施工所用的机械设备,包括起重设备、各项加工机械、专项技术设备、检查测量仪表设备及人货两用电梯等,应根据工程需要从设备选型、主要性能参数及使用操作要求等方面加以控制。

2)对施工方案中选用的模板、脚手架等施工设备,除按适用的标准定型选用外,一般需按设计及施工要求进行专项设计,对其设计方案及制作质量的控制及验收应作为重点进行控制。

3)按现行施工管理制度要求,工程所用的施工机械、模板、脚手架,特别是危险性较大的现场安装的起重机械设备,不仅要对其设计安装方案进行审批,而且安装完毕交付使用前必须经专业管理部门的验收,合格后方可使用。同时,在使用过程中尚需落实相应的管理制度,以确保其安全正常使用。

(5)施工环境的控制

环境因素主要包括地质水文状况、气象变化及其他不可抗力因素,以及施工现场的通风、照明、安全卫生防护设施等劳动作业环境等内容。环境因素对工程施工的影响一般难以避免。要消除其对施工质量的不利影响,主要是采取预测预防的控制方法:

1)对地质水文等方面的影响因素的控制,应根据设计要求,分析基地地质资料,预测不利因素,并会同设计等采取相应的措施,如降水排水加固等技术控制方案。

2)对天气气象方面的不利条件,应在施工方案中制订专项施工方案,明确施工措施,落实人员、器材等方面各项准备以紧急应对,从而控制其对施工质量的不利影响。

3)对环境因素造成的施工中断,往往也会对工程质量造成不利影响,必须通过加强管理、调整计划等措施,加以控制。

三、施工阶段质量控制的主要途径

建设工程项目施工质量的控制途径,分别通过事前预控事中控制和事后控制的相关途径进行质量控制。因此,施工质量控制的途径包括事前预控途径、事中控制途径和事后控制途径。

1.施工质量的事前预控途径

(1)施工条件的调查和分析

施工条件的调查和分析包括合同条件,法规条件和现场条件,做好施工条件的调查和分析,发挥其重要的质量预控作用。

(2)施工图纸会审和设计交底

理解设计意图和对施工的要求，明确质量控制的重点、要点和难点，以及消除施工图纸的差错等。因此，严格进行设计交底和图纸会审，具有重要的事前预控作用。

(3)施工组织设计文件的编制与审查

施工组织设计文件是直接指导现场施工作业技术活动和管理工作的纲领性文件。工程项目施工组织设计是以施工技术方案为核心，通盘考虑施工程序、施工质量、进度、成本和安全目标的要求。科学合理的施工组织设计对于有效地配置合格的施工生产要素，规范施工作业技术活动行为和管理行为，将起到重要的导向作用。

(4)工程测量定位和标高基准点的控制

施工单位必须按照设计文件所确定的工程测量的任务来定位及标高的引测依据，建立工程测量基准点，自行做好技术复核，并报告项目监理机构进行监督检查。

(5)施工分包单位的选择和资质的审查

对分包商资格与能力的控制是保证工程施工质量的重要方面。确定分包内容、选择分包单位及分包方式既直接关系到施工总承包方的利益和风险，更关系到建设工程质量的保证问题。因此，施工总承包企业必须有健全有效的分包选择程序，同时按照我国现行法规的规定，在订立分包合同前，施工单位必须将所联络的分包商情况，报送项目监理机构进行资格审查。

(6)材料设备和部品采购质量控制

建筑材料、构配件、部品和设备是直接构成工程实体的物质，应从施工备料开始进行控制，包括对供货厂商的评审、询价、采购计划与方式的控制等。因此，施工承包单位必须有健全有效的采购控制程序，同时按照我国现行法规规定，主要材料设备采购前必须将采购计划报送工程监理机构审查，实施采购质量预控。

(7)施工机械设备及工器具的配置与性能控制

施工机械设备、设施、工器具等施工生产手段的配置及其性能，对施工质量、安全、进度和施工成本有重要的影响，应在施工组织设计过程根据施工方案的要求来确定，施工组织设计批准之后应对其落实的状态进行检查控制，以保证技术预案的质量能力。

2.施工质量的事中控制途径

建设项目施工过程质量控制是最基本的控制途径，因此必须抓好与作业工序质量形成相关的配套技术与管理工作，其主要途径有：

(1)施工技术复核。施工技术复核是施工过程中保证各项技术基准正确性的重要措施，凡属轴线、标高、配方、样板、加工图等用作施工依据的技术工作，都要进行严格复核。

(2)施工计量管理。包括投料计量检测计量等，其正确性与可靠性直接关系到工程质量的形成和客观效果的评价。因此，施工全过程必须对计量人员资格、计量程序和计量器具的准确性进行控制。

(3)见证取样送检。为了保证工程质量，我国规定对工程使用的主要材料、半成品、构配件以及施工过程留置的试块、试件等实行现场见证取样送检。见证员由建设单位及工程监理机构中有相关专业知识的人员担任，送检的实验室应具备国家或地方工程检测主管部门批准的相关资质，见证取样送检必须严格执行规定的程序进行，包括取样见证并记录，样本编号、填单、封箱，送实验室核对、交接、试验检测、出具报告。

(4)技术核定和设计变更。在工程项目施工过程中，因施工方对图纸的某些要求不甚明白，或者是图纸内部的某些矛盾，或施工配料调整与代用、改变建筑节点构造管线位置或走向等，需要通过设计单位明确或确认的，施工方必须以技术联系单的方式向业主或监理工程师提出，报送设计单位核准确认。在施工期间无论是建设单位、设计单位或施工单位提出，需要进行局部设计变更的内容，都必须按规定程序用书面方式进行变更。

(5)隐蔽工程验收。所谓隐蔽工程，是指上一道工序的施工成果要被下一道工序所覆盖，如地基与基础工程、钢筋工程预埋管线等均属隐蔽工程。施工过程中，总监理工程师应安排监理人员对施工过程进行巡视和检查，对隐蔽工程、下道工序施工完成后难以检查的重点部位，专业监理工程师应安排监理员进行旁站，对施工过程中出现的质量缺陷，专业监理工程师应及时下达监理工程师通知，要求承包单位整改并检查整改结果。工程项目的重点部位、关键工序应由项目监理机构与承包单位协商后共同确认。监理工程师应从巡视、检查、旁站监督等方面对工序工程质量进行严格控制。加强隐蔽工程质量验收，是施工质量控制的重要环节。其程序要求施工方首先应完成自检并合格，然后填写专用的“隐蔽工程验收单”，验收的内容应与已完成的隐蔽工程实物相一致，事先通知监理机构及有关方面，按约定时间进行验收。验收合格的工程由各方共同签署验收记录。验收不合格的隐蔽工程，应按验收意见进行整改后重新验收。严格隐蔽工程验收的程序和记录，对于预防工程质量隐患，提供可追溯的质量记录具有重要作用。

(6)其他。长期施工管理实践过程中形成的质量控制途径和方法，如批量施工前应做样板示范、现场施工技术质量例会、质量控制资料管理等，也是施工过程质量控制的重要工作途径。

3.施工质量的事后控制途径

施工质量的事后控制，主要是进行已完成施工的成品保护、质量验收和对不合格的处理，以保证最终验收的建设工程质量。

(1)已完工程成品保护，目的是避免已完成施工成品受到来自后续施工以及其他方面的污染或损坏。其成品保护问题和措施，在施工组织设计与计划阶段就应该从施工顺序上进行考虑，防止施工顺序不当或交叉作业造成相互干扰、污染和损坏，成品形成后可采取防护、覆盖、封闭、包裹等相应措施进行保护。

(2)施工质量检查验收作为事后质量控制的途径，应严格按照施工质量验收统一标准规定的质量验收划分，从施工顺序作业开始，依次做好检验批、分项工程分部工程及单位工程的施工质量验收。通过多层次的设防把关，严格验收，控制建设工程项目的质量目标。

第四节　建设工程项目质量验收

建设工程项目质量验收是对已完工程实体的内在及外观施工质量，按规定程序检查后，确认其是否符合设计及各项验收标准的要求，是否可交付使用的一个重要环节。正确地进行工程项目质量的检查评定和验收，是保证工程质量的重要手段。

一、施工过程质量验收

(一)施工过程质量验收的内容

对涉及人民生命财产安全人身健康、环境保护和公共利益的内容以强制性条文作出规定，要求必须坚决、严格遵照执行。

检验批和分项工程是质量验收的基本单元；分部工程是在所含全部分项工程验收的基础上进行验收的，在施工过程中随完工随验收，并留下完整的质量验收记录和资料；单位工程作为具有独立使用功能的完整的建筑产品，进行竣工质量验收。

1.检验批

所谓检验批，是指按同一生产条件或按规定的方式汇总起来供检验用的，由一定数量样本组成的检验体。检验批是工程验收的最小单位，是分项工程乃至整个建筑工程质量验收的基础。

应由监理工程师(建设单位项目技术负责人)组织施工单位项目专业质量(技术)负责人等进行验收。

检验批质量验收合格应符合下列规定：

(1)主控项目和一般项目的质量经抽样检验合格。

(2)具有完整的施工操作依据、质量检查记录。主控项目是指对检验批的基本质量起决定性作用的检验项目。除主控项目以外的检验项目称为一般项目。

2.分项工程质量验收

(1)分项工程应由监理工程师(建设单位项目技术负责人)组织施工单位项目专业质量(技术)负责人进行验收。

(2)分项工程质量验收合格应符合下列规定：

1)分项工程所含的检验批均应符合合格质量的规定。

2)分项工程所含的检验批的质量验收记录应完整。

3.分部工程质量验收

(1)分部工程应由总监理工程师(建设单位项目负责人)组织施工单位项目负责人和技术、质量负责人等进行验收;地基与基础、主体结构分部工程的勘察,设计单位工程项目负责人和施工单位技术、质量部门负责人也应参加相关分部工程验收。

(2)分部(子分部)工程质量验收合格应符合下列规定:

1)所含分项工程的质量均应验收合格。

2)质量控制资料应完整。

3)地基与基础、主体结构和设备安装等分部工程有关安全、使用功能、节能、环境保护的检验和抽样检验结果应符合有关规定。

4)观感质量验收应符合要求。

(二)施工过程质量验收不合格的处理

施工过程的质量验收是以检验批的施工质量为基本验收单元。检验批质量不合格可能是使用的材料不合格、施工作业质量不合格或质量控制资料不完整等原因所致,其处理方法有:

1.在检验批验收时,对严重的缺陷应推倒重来,一般的缺陷通过翻修或更换器具、设备予以解决后重新进行验收。

2.个别检验批发现试块强度等不满足要求难以确定是否验收时,应请有资质的法定检测单位检测鉴定,当鉴定结果能够达到设计要求时,应予以验收。

3.当检测鉴定达不到设计要求,但经原设计单位核算仍能满足结构安全和使用功能的检验批,可予以验收。

4.严重质量缺陷或超过检验批范围内的缺陷,经法定检测单位检测鉴定以后,认为不能满足最低限度的安全储备和使用功能,则必须进行加固处理,虽然改变外形尺寸,但能满足安全使用要求,可按技术处理方案和协商文件进行验收,责任方应承担经济责任。

5.通过返修或加固后处理仍不能满足安全使用要求的分部工程、单位(子单位)工程,严禁验收。

二、建设工程项目竣工质量验收

建设工程项目竣工验收有两层含义:一是指承发包单位之间进行的工程竣工验收,也称工程交工验收;二是指建设工程项目的竣工验收。两者在验收范围、依据、时间、方式、程序、组织和权限等方面存在不同。

1.竣工工程质量验收的依据

竣工工程质量验收的依据有：

(1)工程施工承包合同。

(2)工程施工图纸。

(3)工程施工质量验收统一标准。

(4)专业工程施工质量验收规范。

(5)建设法律、法规、管理标准和技术标准。

2.竣工工程质量验收的要求

工程项目竣工质量验收应按下列要求进行：

(1)建筑工程施工质量应符合相关专业验收规范的规定。

(2)建筑工程施工应符合工程勘察、设计文件的要求。

(3)参加工程施工质量验收的各方人员应具备规定的资格。

(4)工程质量的验收均应在施工单位自行检查评定的基础上进行。

(5)隐蔽工程在隐蔽前应由施工单位通知有关单位进行验收，并应形成验收文件。

(6)涉及结构安全的试块、试件以及有关材料，应按规定进行见证取样检测。

(7)检验批的质量应按主控项目和一般项目验收。

(8)对涉及结构安全和使用功能的重要分部工程应进行抽样检测。

(9)承担见证取样检测及有关结构安全检测的单位应具有相应资质。

(10)工程的观感质量应由验收人员通过现场检查，并应共同确认。

3.竣工质量验收的标准

建设项目单位(子单位)工程质量验收合格应符合下列规定：

(1)单位(子单位)工程所含分部(子分部)工程质量验收均应合格。

(2)质量控制资料应完整。

(3)单位(子单位)工程所含分部工程有关安全和功能的检验资料应完整。

(4)主要功能项目的抽查结果应符合相关专业质量验收规范的规定。

(5)观感质量验收应符合规定。

4.竣工质量验收的程序

建设工程项目竣工验收，可分为竣工验收准备、初步验收和正式竣工验收三个环节。整个验收过程必须按照工程项目质量控制系统的职能分工，以监理工程师为核心进行竣工验收的组织协调。

(1)竣工验收准备

施工单位按照合同规定的施工范围和质量标准完成施工任务，经质量自检并合格后，向现场监理机构(或建设单位)提交工程竣工申请报告，要求组织工程竣工验收。

(2)初步验收

监理机构收到施工单位的工程竣工申请报告后,应就验收的准备情况和验收条件进行检查。应就工程实体质量及档案资料存在的缺陷及时提出整改意见,并与施工单位协商整改清单,确定整改要求和完成时间。由施工单位向建设单位提交工程竣工验收报告,申请建设工程竣工验收应具备下列条件:

1)完成建设工程设计和合同约定的各项内容。

2)有完整的技术档案和施工管理资料。

3)有工程使用的主要建筑材料、构配件和设备的进场试验报告。

4)有工程勘察、设计、施工、工程监理等单位分别签署的质量合格文件。

5)有施工单位签署的工程保修书。

(3)正式竣工验收

建设单位组织、质量监督机构与竣工验收小组成员单位不是一个层次的。建设单位应在工程竣工验收前7个工作日将验收时间、地点、验收组名单通知该工程的工程质量监督机构。建设单位组织竣工验收会议。正式验收过程的主要工作有:

1)建设、勘察、设计、施工、监理单位分别汇报工程合同履约情况及工程施工各环节满足设计要求,质量符合法律、法规和强制性标准的情况。

2)检查审核设计、勘察、施工、监理单位的工程档案资料及质量验收资料。

3)实地检查工程外观质量,对工程的使用功能进行抽查。

4)对工程施工质量管理各环节工作、对工程实体质量及质保资料情况进行全面评价,形成经验收组人员共同确认签署的工程竣工验收意见。

5)竣工验收合格,建设单位应及时提出工程竣工验收报告。验收报告还应附有工程施工许可证、设计文件审查意见、质量检测功能性试验资料、工程质量保修书等法规所规定的其他文件。

6)工程质量监督机构应对工程竣工验收工作进行监督。

三、工程竣工验收备案

我国实行建设工程竣工验收备案制度。新建、扩建和改建的各类水利工程的竣工验收,均应按规定进行备案。

1. 建设单位应当自建设工程竣工验收合格之日起15日内,将建设工程竣工验收报告和规划、公安消防、环保等部门出具的认可文件或准许使用文件,报建设行政主管部门或者其他相关部门备案。

2. 备案部门在收到备案文件资料后的15日内,对文件资料进行审查,符合要求的工程,在验收备案表上加盖“竣工验收备案专用章”,并将一份退建设单位存档。如审查中发现建设单位在竣工验收过程中,有违反国家有关建设工程质量管理规定行为的，责令停止使用，重新组织竣工验收。

3.建设单位有下列行为之一的，责令改正，处以工程合同价款2%以上4%以下的罚款；造成损失的依法承担赔偿责任。

（1）未组织竣工验收，擅自交付使用的。

（2）验收不合格擅自交付使用的。

（3）对不合格的建设工程按照合格工程验收的。

第五节　建设工程项目质量的政府监督

为加强对建设工程质量的管理，我国明确政府行政主管部门设立专门机构对建设工程质量行使监督职能，其目的是保证建设工程质量、保证建设工程的使用安全及环境质量。建设行政主管部门对全国建设工程质量实行统一监督管理，铁路、交通、水利等有关部门按照规定的职责分工，负责对全国有关专业建设工程质量的监督管理。

一、建设工程项目质量政府监督的职能

1.监督职能的内容

监督职能包括三方面：

（1）监督检查施工现场工程建设参与各方主体的质量行为。

（2）监督检查工程实体的施工质量。

（3）监督工程质量验收。

2.政府监督职能的权限

政府质量监督的权限包括以下几项：

（1）要求被检查的单位提供有关工程质量的文件和资料。

（2）进入被检查单位的施工现场进行检查。

（3）发现有影响工程质量的问题时，责令改正。建设工程质量监督管理，由建设行政主管部门或者委托的建设工程质量监督机构具体实施。

二、建设工程项目质量政府监督的内容

1.受理质量监督申报

在工程项目开工前，政府质量监督机构在受理建设工程质量监督的申报手续时，对建设单位提供的文件资料进行审查，审查合格签发有关质量监督文件。

2.开工前的质量监督

开工前召开项目参与各方参加的首次监督会议，公布监督方案，提出监督要求，

并进行第一次监督检查。监督检查的主要内容为工程项目质量控制系统及各施工方的质量保证体系是否已经建立，以及完善的程度。具体内容为：

(1)检查项目各施工方的质保体系，包括组织机构、质量控制方案及质量责任制等制度。

(2)审查施工组织设计、监理规划等文件及审批手续。

(3)检查项目各参与方的营业执照、资质证书及有关人员的资格证书。

(4)检查的结果记录保存。

3.施工期间的质量监督

(1)在建设工程施工期间，质量监督机构按照监督方案对工程项目施工情况进行不定期的检查。其中在基础和结构阶段每月安排监督检查。检查内容为工程参与各方的质量行为及质量责任制的履行情况、工程实体质量和质保资料的状况。

(2)对建设工程项目结构主要部位(如桩基、基础、主体结构)，除了常规检查外，还要在分部工程验收时，要求建设单位将施工、设计、监理、建设方分别签字的质量验收证明在验收后3天内报监督机构备案。

(3)对施工过程中发生的质量问题、质量事故进行查处；根据质量检查状况对查实的问题签发质量问题整改通知单或局部暂停施工指令单，对问题严重的单位也可根据问题情况发出临时收缴资质证书通知书等处理意见。

4.竣工阶段的质量监督

政府建设工程质量监督机构按规定对工程竣工验收备案工作实施监督。

(1)做好竣工验收前的质量复查。对质量监督检查中提出质量问题的整改情况进行复查，了解其整改情况。

(2)参与竣工验收会议。对竣工工程的质量验收程序验收组织与方法验收过程等进行监督。

(3)编制单位工程质量监督报告。工程质量监督报告作为竣工验收资料的组成部分提交竣工验收备案部门。

(4)建立建设工程质量监督档案。建设工程质量监督档案按单位工程建立，要求归档及时，资料记录等各类文件齐全，经监督机构负责人签字后归档，按规定年限保存。

第六节　企业质量管理体系标准

一、质量管理体系八项原则

八项质量管理原则是世界各国质量管理成功经验的科学总结，其中不少内容与我国全面质量管理的经验吻合。它的贯彻执行能促进企业管理水平的提高,并提高顾客对其产品或服务的满意程度,帮助企业达到持续成功的目的。质量管理体系八项原则的具体内容如下。

1.以顾客为关注焦点

组织(从事一定范围生产经营活动的企业)依存于其顾客。组织应理解顾客当前的和未来的需求,满足顾客要求并争取超越顾客的期望。这是组织进行质量管理的基本出发点和归宿点。

2.领导作用

领导者确立本组织统一的宗旨和方向,并营造和保持使员工充分参与实现组织目标的内部环境。因此,领导在企业的质量管理中起着决定的作用。只有领导重视,各项质量活动才能有效开展。

3.全员参与

各级人员都是组织之本,只有全员充分参加,才能使他们的才干为组织带来收益。产品质量是产品形成过程中全体人员共同努力的结果,其中也包含着为他们提供支持的管理、检查、行政人员的贡献。企业领导应对员工进行质量意识等各方面的教育,激发他们的积极性和责任感,为其能力、知识、经验的提高提供机会,发挥创造精神,鼓励持续改进,给予必要的物质和精神奖励,使全员积极参与,为达到让顾客满意的目标而奋斗。

4.过程方法

将相关的资源和活动作为过程进行管理,可以更高效地得到期望的结果。任何使用资源生产活动和将输入转化为输出的一组相关联的活动都可视为过程。

5.管理的系统方法

将相互关联的过程作为系统加以识别、理解和管理,有助于组织提高实现其目标的有效性和效率。不同企业应根据自己的特点,建立资源管理、过程实现、测量分析改进等方面的关联关系,并加以控制。即采用过程网络的方法建立质量管理体系,实施系统管理。一般建立实施质量管理体系包括:确定顾客期望;建立质量目标和方针;确定实现目标的过程和职责;确定必须提供的资源;规定测量过程有效性的方法;实施测量确定过程的有效性;确定防止不合格并清除产生原因的措施;建立和应用持续改进质量管理体系的过程。

6.持续改进

持续改进总体业绩是组织的一个永恒目标,其作用在于增强企业满足质量要求的能力,包括产品质量过程及体系的有效性和效率的提高。持续改进是增强和满足质量要求能力的循环活动,使企业的质量管理走上良性循环的轨道。

7.基于事实的决策方法

有效的决策应建立在数据和信息分析的基础上,数据和信息分析是事实的高度提炼。以事实为依据作出决策,可防止决策失误。为此企业领导应重视数据信息的收集、汇总和分析,以便为决策提供依据。

8.与供方互利的关系

组织与供方是相互依存的,建立双方的互利关系可以增强双方创造价值的能力。供方提供的产品是企业提供产品的一个组成部分。处理好与供方的关系,涉及企业能否持续稳定提供顾客满意产品的重要问题。因此,对供方不能只讲控制,不讲合作互利,特别是关键供方,更要建立互利关系,这对企业与供方双方都有利。

二、企业质量管理体系的建立和运行

1.企业质量管理体系的建立

(1)企业质量管理体系的建立,是在确定市场及顾客需求的前提下,按照八项质量管理原则制订企业质量管理体系文件,并将质量目标分解落实到相关层次、相关岗位的职能和职责中,形成企业质量管理体系的执行系统。

(2)企业质量管理体系的建立还包含组织企业不同层次的员工进行培训,使体系的工作内容和执行要求为员工所了解,为形成全员参与的企业质量管理体系的运行创造条件。

(3)企业质量管理体系的建立需识别并提供实现质量目标和持续改进所需的资源,包括人员、基础设施、环境、信息等。

2.企业质量管理体系的运行

(1)运行

按质量管理体系文件所制订的程序、标准、工作要求及目标分解的岗位职责进行运作。

(2)记录

按各类体系文件的要求,监视、测量和分析过程的有效性和效率,做好文件规定的质量记录。

(3)考核评价

按文件规定的办法进行质量管理评审和考核。

(4)落实内部审核

落实质量体系的内部审核程序,有组织有计划地开展内部质量审核活动,其主要目的是:

1)评价质量管理程序的执行情况及适用性。

2)揭露过程中存在的问题,为质量改进提供依据。

3)检查质量体系运行的信息。

4)向外部审核单位提供体系有效的证据。

第七节　工程质量统计方法

一、分层法

1.分层法的基本原理

由于工程质量形成的影响因素多,因此对工程质量状况的调查和质量问题的分析,必须分门别类地进行,以便准确有效地找出问题及其原因,这就是分层法的基本思想。

2.分层法的实际应用

调查分析的层次划分,根据管理需要和统计目的,通常可按照以下分层方法取得原始数据:

(1)按时间分:月、日、上午、下午、白天、晚间、季节。

(2)按地点分:地域、城市、乡村、楼层、外墙、内墙。

(3)按材料分:产地、厂商、规格、品种。

(4)按测定分:方法、仪器、测定人、取样方式。

(5)按作业分:工法、班组、工长、工人、分包商。

(6)按工程分:住宅、办公楼、道路、桥梁、隧道。

(7)按合同分:总承包、专业分包、劳务分包。

二、因果分析图法

1.因果分析图法的基本原理

因果分析图法,也称为质量特性要因分析法,其基本原理是对每一个质量特性或问题,逐层深入排查可能原因。然后确定其中最主要原因,进行有的放矢的处置和管理。

2.因果分析图法应用时的注意事项

(1)一个质量特性或一个质量问题使用一张图分析。

(2)通常采用QC小组活动的方式进行,集思广益,共同分析。

(3)必要时可以邀请小组以外的有关人员参与,广泛听取意见。

(4)分析时要充分发表意见,层层深入,列出所有可能的原因。

(5)在充分分析的基础上,由各参与人员采用投票或其他方式,从中选择1~5项多数人达成共识的最主要原因。

三、排列图法

1.排列图定义

排列图法是利用排列图寻找影响质量主次因素的一种有效方法。排列图又叫帕累托图或主次因素分析图。

2.组成

它由两个纵坐标、一个横坐标、几个连起来的直方形和一条曲线所组成。实际应用中，通常按累计频率划分为0~80%、80%~90%、90%~100%三部分，与其对应的影响因素分别为A、B、C三类。A类为主要因素，B类为次要因素，C类为一般因素。

四、直方图法

1.直方图的用途

(1)定义直方图法即频数分布直方图法，它是将收集到的质量数据进行分组整理，绘制成频数分布直方图，用以描述质量分布状态的一种分析方法，所以又称质量分布图法。

(2)作用

1)通过直方图的观察与分析，可了解产品质量的波动情况，掌握质量特性的分布规律，以便对质量状况进行分析判断。

2)可通过质量数据特征值的计算，估算施工生产过程总体的不合格品率，评价过程能力等。

2.控制图法

(1)控制图的定义及其用途

1)控制图的定义

控制图又称管理图。它是在直角坐标系内画有控制界限，描述生产过程中产品质量波动状态的图形。利用控制图区分质量波动原因，判明生产过程是否处于稳定状态的方法称为控制图法。

2)控制图的用途

控制图是用样本数据来分析判断生产过程是否处于稳定状态的有效工具。它的用途主要有两个：

过程分析，即分析生产过程是否稳定。为此，应随机连续收集数据，绘制控制图，观察数据点分布情况并判定生产过程状态。

过程控制，即控制生产过程质量状态。为此，要定时抽样取得数据，将其变为点描在图上，发现并及时消除生产过程中的失调现象，预防不合格品的产生。

(2)控制图的种类

1)按用途分析：分析用控制图。分析生产过程是否处于控制状态，连续抽样。管理(或控制)用控制图。用来控制生产过程，使之经常保持在稳定状态下，等距抽样。

2)按质量数据特点分类：计量值控制图；计数值控制图。

(3)控制图的观察与分析

当控制图同时满足以下两个条件：一是点几乎全部落在控制界限之内，二是控制界限内的点排列没有缺陷，就可以认为生产过程基本上处于稳定状态。如果点的分布不满足其中任何一条，都应判断生产过程为异常。

第八节　建设工程项目总体规划和设计质量控制

一、建设工程项目总体规划的编制

1.建设工程项目总体规划过程

从广义上来说，包括建设方案的策划、决策过程和总体规划的制订过程。建设工程项目的策划与决策过程主要包括建设方案策划、项目可行性研究论证和建设工程项目决策。建设工程项目总体规划的制订是要具体编制建设工程项目规划设计文件，对建设工程项目的决策意图进行直观的描述。

2.建设工程项目总体规划的内容

建设工程项目总体规划的主要内容是解决平面空间布局、道路交通组织、场地竖向设计、总体配套方案、总体规划指标等问题。

二、建设工程项目设计质量控制的方法

1.建筑过程设计项目过程质量控制中存在的一系列问题

就目前来说，许多建筑设计企业推行项目管理制度，借此来对建筑设计项目的采购、风险、沟通、资源、力、成本、质量、进度和范围等一系列环节进行监控，最终能够满足客户的各项需求，让客户满意。但是，随着项目复杂程度的日渐提高，客户对于设计质量、设计进度、服务速度等方面的要求日益严格，建筑项目设计的过程中存在的问题依旧没有改变，甚至变得更加严重。这些问题具体表现在：各专业图纸之间的错误、漏、碰、缺；图纸交付不够及时；专业设计的图纸本身就不一致；对于施工现场的关键工作的循序指导不够及时；没能及时反馈客户的各项需求等等。这些问题当中，有几项问题真实地反映出建筑工程项目设计企业远远未能达到制造行业中对于产品各项生产全过程的掌握。

2.建筑工程施工项目设计过程质量控制现阶段存在的问题

经济和技术的融合不够成熟，长期发展以来，在工程建设的各个领域，投资项目

控制和建筑工程设计之间的联系不紧密是一种比较常见的事情。每当提到设计，大家自然而然地想到那是设计师的职责，一提到建筑造价的控制，自然而然就会想到，这是造价职工的责任。但是在现实的工作当中，一般情况下都是设计职员根据现场调查的情况进行方案设计，在不同的工作阶段向造价职工提供实际情况，进行预算和估价。实际情况是，造价职工对于建筑的现场的情况以及工程的整体情况了解极少，因而就无法将各种影响因素全面考虑到其中，所以，在具体的工作过程中，既要克服一味强调节俭而忽略技术，另一方面也要反对只重视技术，轻视经济而出现设计浪费的情况。

在建筑工程项目设计的过程中，对于成本的控制认识不够充分，这些方面都会对竞争力造成影响。设计人员在设计过程中一般只重视设计技术的先进以及实用性和安全性，强调设计显现出来的产值，而对于设计产品经济因素存在忽视的情况，在设计的过程中对于成本控制和经济指标方面没有做重点关注。另一方面，现有的建筑设计项目收费标准是按照工程造价为基础的，对于设计过程中出现的浪费缺乏具体的控制，不具备任何经济责任，具有浓厚的计划经济的特色。

3.建筑工程设计项目的质量控制

设计过程中要抓好关键的步骤。对于其中关键或者重大的过程设计，除了要有具体的设计方案之外，还应该具备设计创新。在设计的过程中，项目的总负责人要积极引导设计师依据自身的特色制定相关的符合本工程的具体方案并组织共同探讨，征求专家的意见。除了按照既定的标准检查建筑设计的质量之外，还应该进一步加强对于关键设计过程的审查工作，避免出现由于设计错误造成工程事故。

设计师在设计的过程中要严格按照标准设计，依据建筑工程的具体特点，以及建筑设计公司制定的统一技术措施、设计说明、技术规定，按照经常使用，或者是人们能够通用的目录，这样一来可以方便设计人员进行使用。值得关注的是，所有的设计方案，都必须对其质量进行严格的控制，包括其正确性。可操作性、可行性等等。

第九节　水利工程施工质量控制的难题及解决措施

一、存在的问题

1.质量意识普遍较低

施工过程中，不能重视施工质量控制，没有考虑到施工质量的重要性。当质量与进度发生矛盾，费用紧张时，就放弃了质量控制的中心和主导地位，变成了提前使用、节约投资。

2.对设计和监理的行政干预多

在招标投标阶段或开工开始，有些业主就提出提前投入使用、节约投资的指标。有的则是提出许多具体的设计优化方案，指令设计组执行。对于大型工程，重要的优化方案都须经咨询专家慎重研究后，正式向设计院提出，设计院接到建议，组织有关专家研究之后，才做出正式决策。个别领导提出的方案，只能作为设计院工作的提示。优化方案可能是很好的，也可能是不成熟的。仓促决策，可能对质量控制造成重大影响。

3.设计方案变更过多

水利工程的设计方案变更比较随便，有些达到了优化的目的，有的则把合理的方案改到了错误的道路上。设计方案变更将导致施工方案的调整和设备配置的变化，牵一发而动全身。没有明显的错误，或者缺乏优化的可靠论证，不宜过多变更设计方案。

4.设代组、监理部力量偏小

一方面是限于费用，另一方面是轻视水利工程，在设代组和监理部的人员配备上，往往偏少、偏弱。水利工程建设中的许多问题，都要由设代组或监理部在现场独立做出决定，更需要派驻专业齐全、经验丰富的工程师到现场。

5.费用较紧、工作条件较差

施工设备、试验设备大多破旧不全，交通、通信不便，安全保护、卫生医疗、防汛抗灾条件都较差。

二、解决措施

1.监理工作一定要及早介入，要贯穿建设工作的全过程

开工令发布之前的质量控制工作比较重要。施工招标的过程、施工单位进场时的资质复核，施工准备阶段的若干重大决策的形成，都对施工质量起着举足轻重的影响。开工伊始，就应形成一种严格的模式，坏习惯一旦养成，很难改正。工程上马时的第一件事，就是监理工作招标投标，随之组建监理部。

2.要处理好监理工程师的质量控制体系与施工单位的质量保证体系之间的关系

总的来说，监理工程师的质量控制体系是建立在施工承包商的质量保证体系上的。后者是基础，没有一个健全的、运转良好的施工质量保证体系，监理工程师很难有所作为。因此，监理工程师质量控制的首要任务就是在开工令发布之前，检查施工承包商是否有一个健全的质量保证体系，没有肯定答复，不签发开工令。

3.监理要在每个环节上实施监控

质量控制体系由多环节构成，任何一个环节松懈，都可能造成失控。不能把控制点仅仅设到验收这最后一关，而是要每个工序、每个环节实施控制。首先检查承包商的施工技术员、质检员，值班工程师是否在岗，施工记录是否真实、完整，质量保证机

构是否正常运转。监理部一定要分工明确，各负其责，方能每个环节都有人监控。

4.严禁转包

主体工程不能分包。对分包资质要严加审查，不允许多次分包。水利工程的资质审查，通常只针对企业法人，对项目部的资质很少进行复核。项目部是独立性很强的经济、技术实体，是对质量起保证作用的关键所在。一旦转包或多次分包，连责任都不明确了，从合同法来讲是企业法人负责，而在实际运作中是无人负责。

但是，目前的水利工程的监理，实际上是一种契约劳务。费用不是按工程费用的比率计算，而是按劳务费的计算方法或较低的工程费用的比率确定。责任是非常扩大化的（质量、进度、投资控制的一切责任），但是权力却集中在业主手上。

第七章　水利工程施工成本控制

水利工程的施工成本占据着整个企业运行成本的百分之七十以上，因此，施工成本的管理就成为水利工程施工企业财务管理的重点。本章就对水利工程施工管理中的成本控制进行了讲述。

第一节　施工成本管理的任务与措施

一、施工成本管理的任务

施工成本是指在建设工程项目的施工过程中所发生的全部生产费用的总和，包括消耗的原材料、辅助材料、构配件等费用，周转材料的摊销费或租赁费，施工机械的使用费或租赁费，支付给生产工人的工资、资金、工资性质的津贴等，以及进行施工组织与管理所发生的全部费用支出。建设工程项目施工成本由直接成本和间接成本组成。

直接成本是指施工过程中耗费的构成工程实体或有助于工程实体形成的各项费用支出，是可以直接计入工程对象的费用，包括人工费、材料费、施工机械使用费和施工措施费等。

间接成本是指为施工准备、组织和管理施工生产的全部费用的支出，是非直接用于也无法直接计入工程对象，但为进行工程施工所必须发生的费用，包括管理人员工资、办公费、差旅交通费等。

施工成本管理就是要在保证工期和质量满足要求的情况下，采取相应管理措施（包括组织措施、经济措施、技术措施、合同措施），把成本控制在计划范围内，并进一步寻求最大限度的成本节约。

1.施工成本预测

施工成本预测是根据成本信息和施工项目的具体情况，运用一定的专门方法，对未来的成本水平及其可能发展趋势作出科学的估计，其是在工程施工以前对成本进行的估算。通过成本预测，满足业主和本企业要求的前提下，选择成本低、效益好的最佳方案，加强成本控制，克服盲目性，提高预见性。

2.施工成本计划

施工成本计划是以货币形式编制施工项目的计划期内的生产费用、成本水平、成本降低率，以及为降低成本所采取的主要措施和规划的书面方案，它是建立施工项目成本管理责任制，开展成本控制和核算的基础，它是该项目降低成本的指导性文件，是设立目标成本的依据。可以说，施工成本计划是目标成本的一种形式。

3.施工成本控制

施工成本控制是指在施工过程中，对影响施工成本的各种因素加强管理，并采取各种有效措施，将施工中实际发生的各种消耗和支出严格控制在成本计划范围内，随时揭示并及时反馈，严格审查各项费用是否符合标准，计算实际成本和计划成本之间的差异并进行分析，进而采取多种措施，消除施工中的损失浪费现象。

建设工程项目施工成本控制应贯穿于项目从投标阶段开始直至竣工验收的全过程，它是企业全面成本管理的重要环节。施工成本控制可分为事先控制、事中控制（过程控制）和事后控制。在项目的施工过程中，需按动态控制原理对实际施工成本的发生过程进行有效控制。

4.施工成本核算

施工成本核算包括两个基本环节：一是按照规定的成本开支范围对施工费用进行归集和分配，计算出施工费用的实际发生额；二是根据成本核算对象，采用适当的方法，计算出该施工项目的总成本和单位成本。施工成本管理需要正确及时地核算施工过程中发生的各项费用，计算施工项目的实际成本。施工项目成本核算所提供的各种成本信息，是成本预测、成本计划、成本控制、成本分析和成本考核等各个环节的依据。

5.施工成本分析

施工成本分析是在施工成本核算的基础上，对成本的形成过程和影响成本升降的因素进行分析，以寻求进一步降低成本的途径，包括有利偏差的挖掘和不利偏差的纠正。施工成本分析贯穿于施工成本管理的全过程，是在成本的形成过程中，主要利用施工项目的成本核算资料（成本信息），与目标成本预算成本以及类似的施工项目的实际成本等进行比较，了解成本的变动情况，同时也要分析主要技术经济指标对成本的影响，系统地研究成本变动的因素，检查成本计划的合理性，并通过成本分析，深入揭示成本变动规律，寻找降低施工项目成本的途径，以便有效地进行成本控制。成本偏差的控制，分析是关键，纠偏是核心，要针对分析得出的偏差发生原因，采取切实措施，加以纠正。

成本偏差分为局部成本偏差和累计成本偏差。局部成本偏差包括项目的月度（或周、天等）核算成本偏差、专业核算成本偏差以及分部分项作业成本偏差等；累计成本偏差是指已完工程在某一时间点上实际总成本与相应的计划总成本的差异。分析成本偏差的原因,应采取定性和定量相结合的方法。

6.施工成本考核

施工成本考核是指在施工项目完成后,对施工项目成本形成中的各责任者,按施工项目成本目标责任制的有关规定,将成本的实际指标与计划、定额、预算进行对比和考核,评定施工项目成本计划的完成情况和各责任者的业绩,并以此给予相应的奖励和处罚。通过成本考核,做到有奖有惩,赏罚分明,才能有效地调动每一位员工在各自的施工岗位上努力完成目标成本的积极性,为降低施工项目成本和增加企业的积累,做出自己的贡献。

施工成本管理的每一个环节都是相互联系和相互作用的。成本预测是成本决策的前提,成本计划是成本决策所确定目标的具体化。成本计划控制则是对成本计划的实施进行控制和监督,保证决策的成本目标的实现,而成本核算又是对成本计划是否实现的最后检验,它所提供的成本信息又对下一个施工项目成本预测和决策提供基础资料。成本考核是实现成本目标责任制的保证和实现决策目标的重要手段。

二、施工成本管理的措施

为了取得施工成本管理的理想成效,应当从多方面采取措施实施管理,通常可以将这些措施归纳为组织措施、技术措施、经济措施、合同措施。

1.组织措施是从施工成本管理的组织方面采取的措施。施工成本控制是全员的活动,如实行项目经理责任制,落实施工成本管理的组织机构和人员,明确各级施工成本管理人员的任务和职能分工、权利和责任。施工成本管理不仅是专业成本管理人员的工作,各级项目管理人员都负有成本控制责任。

组织措施的另一方面是编制施工成本控制工作计划、确定合理详细的工作流程。要做好施工采购规划,通过生产要素的优化配置、合理使用、动态管理,有效控制实际成本;加强施工定额管理和任务单管理,控制活劳动和物化劳动的消耗;加强施工调度,避免因施工计划不周和盲目调度造成窝工损失、机械利用率降低、物料积压等而使施工成本增加:成本控制工作只有建立在科学管理的基础之上,具备合理的管理体制,完善的规章制度,稳定的作业秩序,完整准确的信息传递,才能取得成效。组织措施是其他各类措施的前提和保证,而且一般不需要增加什么费用,运用得当可以收到良好的效果。

2.技术措施不仅对解决施工成本管理过程中的技术问题是不可缺少的,而且对纠正施工成本管理目标偏差也有相当重要的作用。运用技术纠偏措施的关键,一是要能提出多个不同的技术方案,二是要对不同的技术方案进行技术经济分析。

施工过程中降低成本的技术措施,包括进行技术经济分析,确定最佳的施工方案。结合施工方法，进行材料使用的比选，在满足功能要求的前提下，通过迭代、政变配合比、使用添加剂等方法降低材料消耗的费用。确定最合适的施工机械、设备的使用方案。结合项目的施工组织设计及自然地理条件，降低材料的库存成本和运输成本。先进的施工技术的应用、新材料的运用，新开发机械设备的使用等。在实践中，也要避免仅从技术角度选定方案而忽略对其经济效果的分析论证。

3.经济措施是最易为人们所接受和采取的措施。管理人员应编制资金使用计划，确定、分解施工成本管理目标。对施工成本管理目标进行风险分析，并制定防范性对策。对各项支出，应认真做好资金的使用计划，并在施工中严格控制各项开支。及时准确地记录、收集、整理、核算实际发生的成本。对各种变更，及时做好增减账，及时落实业主签证，及时结算工资款。通过偏差分析和未完工工程预测，可发现一些潜在问题将引起未完工程施工成本的增加，对这些问题应以主动控制为出发点，及时采取预防措施。由此可见，经济措施的运用绝不仅仅是财务人员的事情。

4.采取合同措施控制施工成本，应贯穿整个合同周期，包括从合同谈判开始到合同终止的全过程。首先是选用合适的合同结构，对各种合同结果模式进行分析、比较，在合同谈判时，要争取选用适合于工程规模、性质和特点的合同结构模式。其次，在合同条款中应仔细考虑一切影响成本和效益的因素，特别是潜在的风险因素。通过对引起成本变动的风险因素的识别和分析，采取必要的风险对策，如通过合理的方式，增加承担风险的个体数量，降低损失发生的比例，并最终使这些策略反映在合同的具体条款中。在合同执行期间，合同管理的措施既要密切关注对方合同执行情况，与寻求合同索赔的机会、同时也要密切关注自己合同履行的情况，以避免被对方索赔。

第二节 施工成本计划

一、施工成本计划的类型

对于一个施工项目而言，其成本计划的编制是一个不断深化的过程。在这一过程的不同阶段形成深度和作用不同的成本计划，按其作用可分为三类。

1.竞争性成本计划

竞争性成本计划即工程项目投标及签订合同阶段的估算成本计划。这类成本计划是以招标文件中的合同条件、投标者须知、技术规程、设计图纸或工程量清单等为依据，以有关价格条件说明为基础，结合调研和现场考察获得的情况，根据本企业的工料消耗标准、水平、价格资料和费用指标，对本企业完成招标工程所需要支出的全部费用的估算。在投标报价过程中，虽也着力考虑降低成本的途径和措施，但总体上较为粗略。

2. 指导性成本计划

指导性成本计划即选派项目经理阶段的预算成本计划，是项目经理的责任成本目标。它是以合同标书为依据，按照企业的预算定额标准制订的设计预算成本计划，一般情况下只是确定责任总成本指标。

3. 实施性计划成本

实施性计划成本即项目施工准备阶段的施工预算成本计划，它以项目实施方案为依据，落实项目经理责任目标为出发点，采用企业的施工定额通过施工预算的编制而形成的实施性施工成本计划。

施工预算和施工图预算虽仅一字之差，但区别较大。

(1)编制的依据不同

施工预算的编制以施工定额为主要依据，施工图预算的编制以预算定额为主要依据，而施工定额比预算定额划分得更详细、更具体，并对其中所包括的内容，如质量要求、施工方法以及所需劳动工日、材料品种、规格型号等均有较详细的规定或要求。

(2)适用的范围不同

施工预算是施工企业内部管理用的一种文件，与建设单位无直接关系；而施工图预算既适用于建设单位，又适用于施工单位。

(3)发挥的作用不同

施工预算是施工企业组织生产、编制施工计划、准备现场材料、签发任务书、考核功效、进行经济核算的依据，它也是施工企业改善经营管理、降低生产成本和推行内部经营承包责任制的重要手段；而施工图预算则是投标报价的主要依据。

二、施工成本计划的编制依据

施工成本计划是施工项目成本控制的一个重要环节，是实现降低施工成本任务的指导性文件。如果针对施工项目所编制的成本计划达不到目标成本要求，就必须组织施工项目管理班子的有关人员重新研究寻找降低成本的途径，重新进行编制。同时，编制成本计划的过程也是动员全体施工项目管理人员的过程，是挖掘降低成本潜力的过程，是检验施工技术质量管理、工期管理物资消耗和劳动力消耗管理等是否落实的过程。

编制施工成本计划，需要广泛收集相关资料并进行整理，以作为施工成本计划编制的依据。在此基础上，根据有关设计文件、工程承包含同、施工组织设计、施工成本预测资料等，按照施工项目应投入的生产要素，结合各种因素的变化和拟采取的各种措施，估算施工项目生产费用支出的总水平，进而提出施工项目的成本计划控制指标，确定目标总成本。目标成本确定后，应将总目标分解落实到各个机构、班组、便于进行控制的子项目或工序。最后，通过综合平衡，编制完成施工成本计划。

施工成本计划的编制依据包括：

1.投标报价文件。

2.企业定额、施工预算。

3.施工组织设计或施工方案。

4.人工、材料、机械台班的市场价。

5.企业颁布的材料指导价、企业内部机械台班价格、劳动力内部挂牌价格。

6.周转设备内部租赁价格、摊销损耗标准。

7.已签订的工程合同、分包含同（或估价书）。

8.结构件外加工计划和合同。

9.有关财务成本核算制度和财务历史资料。

10.施工成本预测资料。

11.拟采取的降低施工成本的措施。

12.其他相关资料。

三、施工成本计划的编制方法

施工成本计划的编制方法有以下三种。

1.按施工成本组成编制

建筑安装工程费用项目由分部分项工程费、措施项目费、其他项目费、规费和税金组成。

施工成本可以按成本构成分解为人工费、材料费、施工机械使用费、措施项目费和企业管理费等。

2.按施工项目组成编制

大中型工程项目通常是由若干单项工程构成的，每个单项工程又包含若干单位工程，每个单位工程下面又包含了若干分部分项工程。因此，首先把项目总施工成本分解到单项工程和单位工程中，再进一步分解到分部工程和分项工程中。接下来就要具体地分配成本，编制分项工程的成本支出计划，从而得到详细的成本计划表。

在编制成本支出计划时，要在项目总的方面考虑总的预备费，也要在主要的分项工程中安排适当的不可预见费，避免在具体编制成本计划时，由于某项内容工程量计算有较大出入，使原来的成本预算失实。

3.按施工进度编制

编制按工程进度的施工成本计划，通常可利用控制项目进度的网络图进一步扩充而得。即在建立网络图时，一方面确定完成各项工作所需花费的时间，另一方面确定完成这一工作的合适的施工成本支出计划。在实践中，将工程项目分解为既能方便地表示时间,又能方便地表示施工成本支出计划的工作是不容易的,通常如果项目分解程度对时间控制合适的话,则对施工成本支出计划可能分解过细,以至于不可能对每项工作确定其施工成本支出计划。反之亦然。因此,在编制网络计划时,应充分考虑进度控制对项目划分要求的。同时,还要考虑确定施工成本支出计划对项目划分的要求,做到二者兼顾。通过对施工成本目标按时间进行分解,在网络计划基础上,可获得项目进度计划的横道图,并在此基础上编制成本计划。其表示方式有两种:一种是在时标网络图上按月编制的成本计划,另一种是利用时间一成本累积曲线(S形曲线)表示。

以上三种编制施工成本计划的方式并不是相互独立的。在实践中,往往是将这几种方式结合起来使用,从而可以取得扬长避短的效果。例如,将按项目分解总施工成本与按施工成本构成分解总施工成本两种方式相结合,横向按施工成本构成分解,纵向按项目分解,或相反。这种分解方式有助于检查各分部分项工程施工成本构成是否完整,有无重复计算或漏算;同时还有助于检查各项具体的施工成本支出的对象是否明确或落实,并且可以从数字上校核分解的结果有无错误。或者还可将按子项目分解总施工成本弄划与按时间分解总施工成本计划结合起来,一般纵向按项目分解,横向按时间分解。

第三节　工程变更价款的确定

由于建设工程项目建设的周期长、涉及的关系复杂、受自然条件和客观因素的影响大,导致项目的实际施工情况与招标投标时的情况相比往往会有一些变化,出现工程变更。工程变更包括工程量变更、工程项目的变更(如发包人提出增加或者删减原项目内容)、进度计划的变更施工条件的变更等。如果按照变更的起因划分,变更的种类有很多,如:发包人的变更指令(包括发包人对工程有了新的要求、发包人修改项目计划、发包人消减预算、发包人对项目进度有了新的要求等);由于设计错误,必须对设计图纸做修改;工程环境变化;由于产生了新的技术和知识,有必要改变原设计、实施方案或实施计划;法律法规或者政府对建设工程项目有了新的要求等。

1.工程变更的控制原则

(1)工程变更无论是业主单位、施工单位或监理工程师提出,无论是何内容,工程变更指令均需由监理工程师发出,并确定工程变更的价格和条件。

(2)工程变更,要建立严格的审批制度,切实把投资控制在合理的范围以内。

(3)对设计修改与变更(包括施工单位、业主单位和监理单位对设计的修改意见),应通过现场设计单位代表请设计单位研究。设计变更必须进行工程量及造价增减分析,经设计单位同意,如突破总概算,必须经有关部门审批。严格控制施工中的设计变更，健全设计变更的审批程序，防止任意提高设计标准，改变工程规模，增加工程投资费用。设计变更经监理工程师会签后交施工单位施工。

(4)在一般的建设工程施工承包合同中均包括工程变更的条款，允许监理工程师有权向承包单位发布指令，要求对工程的项目、数量或质量工艺进行变更，对原标书的有关部分进行修改。

工程变更也包括监理工程师提出的“新增工程”，即原招标文件和工程量清单中没有包括的工程项目。承包单位对这些新增工程，也必须按监理工程师的指令组织施工，工期与单价由监理工程师与承包方协商确定。

(5)由于工程变更所引起的工程量的变化，都有可能使项目投资超出原来的预算投资，必须予以严格控制，密切注意其对未完工程投资支出的影响以及对工期的影响。

(6)对于施工条件的变更，往往是指未能预见的现场条件或不利的自然条件，即在施工中实际遇到的现场条件同招标文件中描述的现场条件有本质的差异，使施工单位向业主单位提出施工价款和工期的变化要求，由此引起索赔。

工程变更均会对工程质量、进度、投资产生影响，因此应做好工程变更的审批，合理确定变更工程的单价、价款和工期延长的期限，并由监理工程师下达变更指令。

2.工程变更程序

工程变更程序主要包括提出工程变更、审查工程变更、编制工程变更文件及下达变更指令。工程变更文件要求包括以下内容：

(1)工程变更令。应按固定的格式填写，说明变更的理由、变更概况、变更估价及对合同价款的影响。

(2)工程量清单。填写工程变更前、后的工程量、单价和金额，并对未在合同中规定的方法予以说明。

(3)新的设计图纸及有关的技术标准。

(4)涉及变更的其他有关文件或资料。

3.工程变更价款的确定

对于工程变更的项目，一种类型是不需确定新的单价，仍按原投标单价计付；另一种类型是需变更为新的单价，包括：变更项目及数量超过合同规定的范围；虽属原工程量清单的项目，其数量超过规定范围。变更的单价及价款应由合同双方协商解决。

合同价款的变更价格是在双方协商的时间内，由承包单位提出变更价格，报监理工程师批准后调整合同价款和竣工日期。审核承包单位提出的变更价款是否合理，可考虑以下原则：

(1)合同中有适用于变更工程的价格，按合同已有的价格计算变更合同价款。

(2)合同中只有类似变更情况的价格,可以此作为基础,确定变更价格,变更合同价款。

(3)合同中没有适用和类似的价格,由承包单位提出适当的变更价格,监理工程师批准执行。批准变更价格,应与承包单位达成一致,否则应通过工程造价管理部门裁定。

经双方协商同意的工程变更,应有书面材料,并由双方正式委托的代表签字;涉及设计变更的,还必须有设计部门的代表签字,均作为以后进行工程价款结算的依据。

第四节 建筑安装工程费用的结算

1.建筑安装工程费用的主要结算方式

建筑安装工程费用的结算可以根据不同情况采取多种方式。

(1)按月结算:即先预付部分工程款,在施工过程中按月结算工程进度款,竣工后进行竣工结算。

(2)竣工后一次结算:建设项目或单项工程全部建筑安装工程建设期在12个月以内,或者工程承包合同价值在100万元以下的,可以实行工程价款每月月中预支,竣工后一次结算。

(3)分段结算:即当年开工,当年不能竣工的单项工程或单位工程按照工程形象进度,划分不同阶段进行结算。分段结算可以按月预支工程款。

(4)结算双方约定的其他结算方式:实行竣工后一次结算和分段结算的工程,当年结算的工程款应与分年度的工作量一致,年终不另清算。

2.工程预付款

工程预付款是建设工程施工合同订立后由发包人按照合同约定,在正式开工前预先支付给承包人的工程款。它是施工准备和所需要材料、结构件等流动资金的主要来源,国内习惯上又称为预付备料款。工程预付款的具体事宜由发、承包双方根据建设行政主管部门的规定,结合工程款、建设工期和包工包料情况在合同中约定。在《建设工程施工合同(示范文本)》中,对有关工程预付款做如下约定:实行工程预付款的,双方应当在专用条款内约定发包人向承包人预付工程款的时间和数额,开工后按约定的时间和比例逐次扣回。预付时间应不迟于约定的开工日期前7天。发包人不按约定预付,承包人在约定预付时间7天后向发包人发出要求预付的通知,发包人收到通知后仍不能按要求预付,承包人可在发出通知后7天停止施工,发包人应从约定应付之日起向承包人支付应付款的贷款利息,并承担违约责任。

工程预付款额度,各地区、各部门的规定不完全相同,主要是保证施工所需材料和构件的正常储备。一般根据施工工期、建安工作量、主要材料和构件费用占建安工作量的比例以及材料储备周期等因素经测算来确定。发包人根据工程的特点、工期长短、市场行情、供求规律等因素，招标时在合同条件中约定工程预付款的百分比。

工程预付款的扣回，扣款的方法有两种：可以从未施工工程尚需的主要材料及构件的价值相当于工程预付款数额时起扣；从每次结算工程价款中，按材料比重扣抵工程价款，竣工前全部扣清，基本公式为

$$T = P - M/N$$

式中：

T——起扣点，工程预付款开始扣回时的累计完成工作量金额；

M——工程预付款限额；

N——主要材料的占比重；

P——工程的价款总额。

住房和城乡建设部招标文件范本中规定，在承包完成金额累计达到合同总价的10%后，由承包人开始向发包人还款；发包人从每次应付给承包人的金额中扣回工程预付款，发包人至少在合同规定的完工期前三个月将工程预付款的总计金额按逐次分摊的办法扣回。

3.工程进度款

(1)工程进度款的计算

工程进度款的计算，主要涉及两个方面：一是工程量的计量；二是单价的计算方法。单价的计算方法，主要根据由发包人和承包人事先约定的工程价格的计价方法决定。目前，我国工程价格的计价方法可以分为工料单价和综合单价两种方法。二者在选择时，既可采取可调价格的方式，即工程价格在实施期间可随价格变化而调整；也可采取固定价格的方式，即工程价格在实施期间不因价格变化而调整，在工程价格中已考虑价格风险因素并在合同中明确了固定价格所包括的内容和范围。

(2)工程进度款的支付

《建设工程施工合同(示范文本)》关于工程款的支付也作出了相应的约定：在确认计量结果后14天内，发包人应向承包人支付工程款(进度款)。发包人超过约定的支付时间不支付工程款，承包人可向发包人发出要求付款的通知，发包人接到承包人通知后仍不能按要求付款，可与承包人协商签订延期付款协议，经承包人同意后可延期支付。协议应明确延期支付的时间和从计量结果确认后第15天起计算应付款的贷款利息。发包人不按合同约定支付工程款，双方又未达成延期付款协议，导致施工无法进行，承包人可停止施工，由发包人承担违约责任。

4.竣工结算

工程竣工验收报告经发包人认可后28天内，承包人向发包人递交竣工结算报告

及完整的结算资料，双方按照协议书约定的合同价款及专用条款约定的合同价款调整内容，进行工程竣工结算。专业监理工程师审核承包人报送的竣工结算报表；总监理工程师审定竣工结算报表；与发包人、承包人协商一致后，签发竣工结算文件和最终的工程款支付证书。

发包人收到承包人递交的竣工结算报告及结算资料后28天内进行核实，给予确认或者提出修改意见。发包人确认竣工结算报告后通知经办银行向承包人支付竣工结算价款。承包人收到竣工结算价款后14天内将竣工工程交付发包人。

发包人收到竣工结算报告及结算资料后28天内无正当理由不支付工程竣工结算价款，从第29天起按承包人同期向银行贷款利率支付拖欠工程价款的利息，并承担违约责任。

发包人收到竣工结算报告及结算资料后28天内无正当理由不支付工程竣工结算价款，承包人可以催告发包人支付结算价款。发包人在收到竣工结算报告及结算资料后56天内仍不支付的，承包人可以与发包人协议将该工程折价，也可以由承包人申请人民法院将该工程依法拍卖，承包人就该工程折价或者拍卖的价款优先受偿。

工程竣工验收报告经发包人认可后28天内，承包人未能向发包人递交竣工结算报告及完整的结算资料，造成工程竣工结算不能正常进行或工程竣工结算价款不能及时支付，发包人要求交付工程的，承包人应当交付；发包人不要求交付工程的，承包人承担保管责任。

第五节　施工成本控制

1.施工成本控制的依据

施工成本控制的依据包括以下内容。

(1)工程承包合同

施工成本控制要以工程承包合同为依据，围绕降低工程成本这个目标，从预算收入和实际成本两方面，努力挖掘增收节支潜力，以求获得最大的经济效益。

(2)施工成本计划

施工成本计划是根据施工项目的具体情况制订的施工成本控制方案，既包括预定的具体成本控制目标，又包括实现控制目标的措施和规划，是施工成本控制的指导性文件。

(3)进度报告

进度报告提供了每一时刻工程实际完成量、工程施工成本实际支付情况等重要信息。施工成本控制工作正是通过实际情况与施工成本计划相比较，找出二者之间的差别，分析偏差产生的原因，从而采取措施改进以后的工作。此外，进度报告还有助于管理者及时发现工程实施中存在的隐患，并在事态还未造成重大损失之前采取有效措施，尽量避免损失。

(4)工程变更

在项目的实施过程中，由于各方面的原因，工程变更是很难避免的。工程变更一般包括设计变更、进度计划变更、施工条件变更、技术规范与标准变更、施工次序变更、工程数量变更等。一旦出现变更，工程量、工期、成本都必将发生变化，从而使得施工成本控制工作变得更加复杂和困难。因此，施工成本管理人员就应当通过对变更要求当中各类数据的计算、分析，随时掌握变更情况，包括已发生工程量、将要发生工程量、工期是否拖延、支付情况等重要信息，判断变更以及变更可能带来的索赔额度等。

除上述几种施工成本控制工作的主要依据外，有关施工组织设计、分包合同等也都是施工成本控制的依据。

2.施工成本控制的步骤

在确定了施工成本计划之后，必须定期进行施工成本计划值与实际值的比较，当实际值偏离计划值时，分析产生偏差的原因，采取适当的纠偏措施，以确保施工成本控制目标的实现。其步骤如下。

(1)比较

按照某种确定的方式将施工成本的计划值和实际值逐项进行比较，以发现施工成本是否超支。

(2)分析

在比较的基础上，对比较的结果进行分析，以确定偏差的严重性及偏差产生的原因。这一步是施工成本控制工作的核心，其主要目的在于找出产生偏差的原因，从而采取有针对性的措施，避免或减少相同原因的再次发生或减少由此造成的损失。

(3)预测

根据项目实施情况估算整个项目完成时的施工成本。预测的目的在于为决策提供支持。

(4)纠偏

当工程项目的实际施工成本出现了偏差，应当根据工程的具体情况、偏差分析和预测的结果，采用适当的措施，以期达到使施工成本偏差尽可能小的目的。纠偏是施工成本控制中最具实质性的一步。只有通过纠偏，才能最终达到有效控制施工成本的目的。

(5)检查

它是指对工程的进展进行跟踪和检查，及时了解工程进展状况以及纠偏措施的执行情况和效果，为今后的工作积累经验。

3.施工成本控制的方法

施工阶段是控制建设工程项目成本发生的主要阶段，它通过确定成本目标并按计划成本进行施工、资源配置，对施工现场发生的各种成本费用进行有效控制，其具体的控制方法如下。

(1)人工费的控制

人工费的控制实行“量价分离”的方法，将作业用工及零星用工按定额工日的一定比例综合确定用工数量与单价，通过劳务合同进行控制。

(2)材料费的控制

材料费控制同样按照“量价分离”原则，控制材料用量和材料价格。

1)材料用量的控制

在保证符合设计要求和质量标准的前提下，合理使用材料，通过定额管理、计量管理等手段有效控制材料物资的消耗，具体方法如下：

①定额控制。对于有消耗定额的材料，以消耗定额为依据，实行限额发料制度。在规定限额内分期分批领用，超过限额领用的材料，必须先查明原因，经过一定审批手续方可领料。

②指标控制。对于没有消耗定额的材料，则实行计划管理和按指标控制的办法。

根据以往项目的实际耗用情况，结合具体施工项目的内容和要求，制定领用材料指标，据以控制发料。超过指标的材料，必须经过一定的审批手续方可领用。

③计量控制。准确做好材料物资的收发计量检查和投料计量检查。

④包干控制。在材料使用过程中，对部分小型及零星材料(如钢钉、钢丝等)根据工程量计算出所需材料量，将其折算成费用，由作业者包干控制。

2)材料价格的控制

材料价格主要由材料采购部门控制。由于材料价格由买价、运杂费、运输中的合理损耗等所组成，因此控制材料价格，主要是通过掌握市场信息，应用招标和询价等方式控制材料、设备的采购价格。

施工项目的材料物资，包括构成工程实体的主要材料和结构件，以及有助于工程实体形成的周转使用材料和低值易耗品。从价值角度看，材料物资的价值，约占建筑安装工程造价的60%至70%以上，其重要程度自然是不言而喻的。由于材料物资的供应渠道和管理方式各不相同，所以控制的内容和所采取的控制方法也将有所不同。

(3)施工机械使用费的控制

合理选择施工机械设备，合理使用施工机械设备对成本控制具有十分重要的意义，尤其是高层建筑施工。据某些工程实例统计，高层建筑地面以上部分的总费用中，垂直运输机械费用占6%~10%。由于不同的起重机械各有不同的用途和特点，因此在选择起重运输机械时，首先应根据工程特点和施工条件确定采取何种不同起重运输机械的组合方式。在确定采用何种组合方式时，首先应满足施工需要，同时要考虑到费用的高低和综合经济效益。

施工机械使用费主要由台班数量和台班单价两方面决定，为有效控制施工机械使用费支出，主要从以下几个方面进行控制：

1）合理安排施工生产，加强设备租赁计划管理，减少因安排不当引起的设备闲置。

2）加强机械设备的调度工作，尽量避免窝工，提高现场设备利用率。

3）加强现场设备的维修保养，避免因不正确使用造成机械设备的停置。

4）做好机上人员与辅助生产人员的协调与配合，提高施工机械台班产量。

（4）施工分包费用的控制

分包工程价格的高低，必然对项目经理部的施工项目成本产生一定的影响。因此，施工项目成本控制的重要工作之一是对分包价格的控制。项目经理部应在确定施工方案的初期就确定需要分包的工程范围。确定分包范围的因素主要是施工项目的专业性和项目规模。对分包费用的控制，主要是要做好分包工程的询价、订立平等互利的分包合同、建立稳定的分包关系网络、加强施工验收和分包结算等工作。

第六节　施工成本分析

一、施工成本分析的依据

施工成本分析，就是根据会计核算、业务核算和统计核算提供的资料，对施工成本的形成过程和影响成本升降的因素进行分析，以寻求进一步降低成本的途径；另外通过成本分析，可从账簿、报表反映的成本现象看清成本的实质，从而增强项目成本的透明度和可控性，为加强成本控制，实现项目成本目标创造条件。

1.会计核算

会计核算主要是价值核算。会计是对一定单位的经济业务进行计量、记录、分析和检查，做出预测，参与决策，实行监督，旨在实现最优经济效益的一种管理活动。它通过设置账户、复式记账、填制和审核凭证、登记账簿、成本计算、财产清查和编制会计报表等一系列有组织有系统的方法，来记录企业的一切生产经营活动，然后据以提出一些用货币来反映的有关各种综合性经济指标的数据。资产、负债、所有者权益、营业收入、成本、利润等会计六要素指标，主要是通过会计来核算。由于会计记录具有连续性、系统性、综合性等特点，所以它是施工成本分析的重要依据。

2.业务核算

业务核算是各业务部门根据业务工作的需要而建立的核算制度，它包括原始记录和计算登记表，如单位工程及分部分项工程进度登记，质量登记，工效定额计算登记，物资消耗定额记录，测试记录等。业务核算的范围比会计、统计核算要广，会计和统计核算一般是对已经发生的经济活动进行核算，而业务核算，不但可以对已经发生的，而且可以对尚未发生或正在发生的经济活动进行核算，看是否可以做，是否有经济效果。它的特点是对个别的经济业务进行单项核算。例如各种技术措施、新工艺等项目可以核算已经完成的项目是否达到原定的目的，取得预期的效果，也可以对准备采取措施的项目进行核算和审查，看是否有效果，值不值得采纳，随时都可以进行。业务核算的目的，在于迅速取得资料，在经济活动中及时采取措施进行调整。

3.统计核算

统计核算是利用会计核算资料和业务核算资料，把企业生产经营活动客观现状的大量数据，按统计方法加以系统整理，表明其规律性。它的计量尺度比会计宽，可以用货币计算，也可以用实物或劳动量计量。它通过全面调查和抽样调查等特有的方法，不仅能提供绝对数指标，还能提供相对数和平均数指标，可以计算当前的实际水平，确定变动速度，可以预测发展的趋势。

二、施工成本分析的方法

(一)基本方法

施工成本分析的基本方法包括比较法、因素分析法、差额计算法、比率法等。

1.比较法

比较法，又称指标对比分析法，就是通过技术经济指标的对比，检查目标的完成情况，分析产生差异的原因，进而挖掘内部潜力的方法。这种方法具有通俗易懂、简单易行、便于掌握的特点，因而得到了广泛的应用，但在应用时必须注意各技术经济指标的可比性。

比较法的应用，通常有下列形式：

(1)将实际指标与目标指标对比。以此检查目标完成情况，分析影响目标完成的积极因素和消极因素，以便及时采取措施，保证成本目标实现。在进行实际指标与目标指标对比时，还应注意目标本身有无问题。如果目标本身出现问题，则应调整目标，重新正确评价实际工作的成绩。

(2)本期实际指标与上期实际指标对比。通过这种对比，可以看出各项技术经济指标的变动情况，反映施工管理水平的提高程度。

(3)与本行业平均水平、先进水平对比。通过这种对比，可以反映本项目的技术管理和经济管理与行业的平均水平和先进水平的差距，进而采取措施赶超先进水平。

2.因素分析法

因素分析法又称连环置换法，这种方法可用来分析各种因素对成本的影响程度。

在进行分析时，首先要假定众多因素中的一个因素发生了变化，而其他因素则不变，然后逐个替换，分别比较其计算结果，以确定各个因素的变化对成本的影响程度。因素分析法的计算步骤如下：

（1）确定分析对象，并计算出实际与目标数的差异。

（2）确定该指标是由哪几个因素组成的，并按其相互关系进行排序（排序规则是先实物量，后价值量；先绝对值，后相对值）。

（3）以目标数为基础，将各因素的目标数相乘，作为分析替代的基数。

（4）将各个因素的实际数按照上面的排列顺序进行替换计算，并将替换后的实际数保留下来。

（5）将每次替换计算所得的结果，与前一次的计算结果相比较，两者的差异即为该因素对成本的影响程度。

（6）各个因素的影响程度之和，应与分析对象的总差异相等。

3.差额计算法

差额计算法是因素分析法的一种简化形式，它利用各个因素的目标值与实际值的差额来计算其对成本的影响程度。

4.比率法

比率法是指用两个以上的指标的比例进行分析的方法。它的基本特点是：先把对比分析的数值变成相对数，再观察其相互之间的关系。常用的比率法有以下几种：

（1）相关比率法。由于项目经济活动的各个方面是相互联系、相互依存，又相互影响的，因而可以将两个性质不同而又相关的指标加以对比，求出比率，并以此来考察经营成果的好坏。例如，产值和工资是两个不同的概念，但它们的关系又是投入与产出的关系。

在一般情况下，都希望以最少的工资支出完成最大的产值。因此，用产值工资率指标来考核人工费的支出水平，就很能说明问题。

（2）构成比率法。又称比重分析法或结构对比分析法。通过构成比率，可以考察成本总量的构成情况及各成本项目占成本总量的比重，同时可看出量、本、利的比例关系（即预算成本、实际成本和降低成本的比例关系），从而为寻求降低成本的途径指明方向。

（3）动态比率法。动态比率法，就是将同类指标不同时期的数值进行对比，求出比率，以分析该项指标的发展方向和发展速度。动态比率的计算，通常采用基期指数和环比指数两种方法。

（二）综合成本的分析方法

所谓综合成本，是指涉及多种生产要素，并受多种因素影响的成本费用，如分部分项工程成本，月（季）度成本年度成本等。由于这些成本都是随着项目施工的进展而逐步形成的，与生产经营有着密切的关系。因此，做好上述成本的分析工作，无疑将促进项目的生产经营管理，提高项目的经济效益。

1.分部分项工程成本分析

分部分项工程成本分析是施工项目成本分析的基础。分部分项工程成本分析的对象为已完成分部分项工程。分析的方法是：进行预算成本、目标成本和实际成本的“三算′对比，分别计算实际偏差和目标偏差，分析偏差产生的原因，为今后的分部分项工程成本寻求节约途径。

分部分项工程成本分析的资料来源是：预算成本来自投标报价成本，目标成本来自施工预算，实际成本来自施工任务单的实际工程量、实耗人工和限额领料单的实耗材料。

由于施工项目包括很多分部分项工程，不可能也没有必要对每一个分部分项工程都进行成本分析。特别是一些工程量小、成本费用微不足道的零星工程。但是，对于那些主要分部分项工程则必须进行成本分析，而且要做到从开工到竣工进行系统的成本分析。

这是一项很有意义的工作，因为通过主要分部分项工程成本的系统分析，可以基本上了解项目成本形成的全过程，为竣工成本分析和今后的项目成本管理提供一份宝贵的参考资料。

2.月(季)度成本分析

月(季)度成本分析，是施工项目定期的、经常性的中间成本分析。对于具有一次性特点的施工项目来说，有着特别重要的意义。因为通过月(季)度成本分析，可以及时发现问题，以便按照成本目标指定的方向进行监督和控制保证项目成本目标的实现。月(季)度成本分析的依据是当月(季)的成本报表。分析的方法，通常有以下几个方面：

(1)通过实际成本与预算成本的对比，分析当月(季)的成本降低水平；通过累计实际成本与累计预算成本的对比，分析累计的成本降低水平，预测实现项目成本目标的前景。

(2)通过实际成本与目标成本的对比，分析目标成本的落实情况，以及目标管理中的问题和不足，进而采取措施，加强成本管理，保证成本目标的落实。

(3)通过对各成本项目的成本分析，可以了解成本总量的构成比例和成本管理的薄弱环节。例如，在成本分析中，发现人工费、机械费和间接费等项目大幅度超支，就应该对这些费用的收支配比关系认真研究，并采取对应的增收节支措施，防止今后再超支。如果是属于规定的“政策性”亏损，则应从控制支出着手，把超支额压缩到最低限度。

(4)通过主要技术经济指标的实际与目标对比，分析产量、工期、质量、“三材”节约率、机械利用率等对成本的影响。

(5)通过对技术组织措施执行效果的分析,寻求更加有效地节约途径。

(6)分析其他有利条件和不利条件对成本的影响。

3.年度成本分析

企业成本要求一年结算一次,不得将本年成本转入下一年度。而项目成本则以项目的寿命周期为结算期,要求从开工到竣工到保修期结束连续计算,最后结算出成本总量及其盈亏。由于项目的施工周期一般较长,除进行月(李)度成本核算和分析外,还要进行年度成本的核算和分析。这不仅是为了满足企业汇编年度成本报表的需要,也是项目成本管理的需要。因为通过年度成本的综合分析,可以总结一年来成本管理的成绩和不足,为今后的成本管理提供经验和教训,从而可对项目成本进行更有效的管理。

年度成本分析的依据是年度成本报表。年度成本分析的内容,除了月(季)度成本分析的六个方面以外,重点是针对下一年度的施I进展情况规划切实可行的成本管理措施,以保证施工项目成本目标的实现。

4.竣工成本的综合分析

凡是有几个单位工程而且是单独进行成本核算(即成本核算对象)的施工项目,其竣工成本分析应以各单位工程竣工成本分析资料为基础,再加上项目经理部的经营效益(如资金调度、对外分包等所产生的效益)进行综合分析。如果施工项目只有一个成本核算对象(单位工程),就以该成本核算对象的竣工成本资料作为成本分析的依据。

单位工程竣工成本分析,应包括以下三方面内容:

(1)竣工成本分析。

(2)主要资源节超对比分析。

(3)主要技术节约措施及经济效果分析。

第七节　施工成本控制的特点、重要性及措施

一、水利工程成本控制的特点

我国的水利工程建设管理体制自实行改革以来,在建立以项目法人制招标投标制和建设监理制为中心的建设管理体制上,成本控制是水利工程项目管理的核心。水利工程施工承包合同中的成本可分为两部分:施工成本(具体包括直接费、其他直接费和现场经费)和经营管理费用(具体包括企业管理费、财务费和其他费用)。其中施工成本一般占合同总价的70%以上。但是水利工程大多施工周期长,投资规模大,

技术条件复杂，产品单件性鲜明，不可能建立和其他制造业一样的标准成本控制系统，而且水利工程项目管理机构是临时组成的，施工人员中民工较多，施工区域地理和气候条件一般又不利，这使有效地对施工成本控制变得更加困难。

二、加强水利工程成本控制的重要性

企业为了实现利润的最大化，必须使产品成本合理化、最小化、最佳化，因此加强成本管理和成本控制是企业提高盈利水平的重要途径，也是企业管理的关键工作之一。加强水利工程施工管理也必须在成本管理、资金管理、质量管理等薄弱环节上狠下功夫，加大整改力度，加快改革的步伐，促进改革成功，从而提高企业的管理水平和经济效益。水利工程施工项目成本控制作为水利工程施工企业管理的基点，效益的主体、信誉的窗口，只有对其强化管理，加强企业管理的各项基础工作，才能加快水利工程施工企业由生产经营型管理向技术密集型管理，国际化管理转变的进程。而强化项目管理，形成以成本管理为中心的运营机制，提高企业的经济效益和社会效益，加强成本管理是关键。

三、加强水利工程成本控制的措施

1. 增强市场竞争意识

水利工程项目具有投资大、工期长、施工环境复杂、质量要求高等特点，工程在施工中同时受地质、地形、施工环境、施工方法、施工组织管理、材料与设备人员与素质等不确定因素的影响。在我国正式实行企业改革后，主客观条件都要求水利工程施工企业推广应用实物量分析法编制投标文件。

实物量分析法有别于定额法：定额法根据施工工艺套用定额，体现的是以行业水平为代表的社会平均水平；而实物量分析法则从项目整体角度全面反映工程的规模、进度、资源配置对成本的影响，比较接近于实际成本，这里的“成本”是指个别企业成本，即在特定时期、特定企业为完成特定工程所消耗的物化劳动和活化劳动价值的货币反映。

2. 严格过程控制

承建一个水利工程项目，就必须从人、财、物的有效组合和使用全过程上狠下功夫。例如，对施工组织机构的设立和人员、机械设备的配备，在满足施工需要的前提下，机构要精简直接，人员要精干高效，设备要充分有效利用。同时对材料消耗、配件更换及施工工序控制都要按规范化、制度化、科学化的方法进行，这样既可以避免或减少不可预见因素对施工的干扰，也可以降低自身生产经营状况对工程成本影响的比例，从而有效控制成本，提高效益。过程控制要全员参与、全过程控制。

3. 建立明确的责权利相结合的机制

责权利相结合的成本管理机制,应遵循民主集中制的原则和标准化、规范化的原则加以建立。施工项目经理部包括了项目经理、项目部全体管理人员及施工作业人员,应在这些人员之间建立一个以项目经理为中心的管理体制,使每个人的职责分工明确,赋予相应的权利,并在此基础上建立健全一套物质奖励、精神奖励和经济惩罚相结合的激励与约束机制,使项目部每个人、每个岗位都人尽其才,爱岗敬业。

4.控制质量成本

质量成本是反映项目组织为保证和提高产品质量而支出的一切费用,以及因未达到质量标准而产生的一切损失费用之和。在质量成本控制方面,要求项目内的施工、质量人员把好质量关,做到“少返工,不重做”。比如在混凝土的浇捣过程中经常会发生跑模、漏浆,以及由于振捣不到位而产生的蜂窝、麻面等现象,而一旦出现这种现象,就不得不在日后的施工过程中进行修补,不仅浪费材料。而且浪费人力,更重要的是影响外观,对企业产生不良的社会影响。但是要注意产品质量并非越高越好,超过合理水平时则属于质量过盛。

5.控制技术成本

首先是要制订技术先进经济合理的施工方案,以达到缩短工期。提高质量、保证安全、降低成本的目的。施工方案的主要内容是施工方法的确定施工机具的选择、施工顺序的安排和流水施工作业的组织。科学合理的施工方案是项目成功的根本保证,更是降低成本的关键所在。)其次是在施工组织中努力寻求各种降低消耗、提高工效的新工艺、新技术、新设备和新材料,并在工程项目的施工过程中实施应用,也可以由技术人员与操作员工一起对一些传统的工艺流程和施工方法进行改革与创新,这将对降耗增效起到十分有效的积极作用。

6.注重开源增收

上述所讲的是控制成本的常见措施,其实为了增收、降低成本,一个很重要的措施就是开源增收措施。水利工程开源增收的一个方面就是要合理利用承包合同中的有利条款。承包合同是项目实施的最重要依据,是规范业主和施工企业行为的准则,但在通常情况下更多体现了业主的利益。合同的基本原则是平等和公正,汉语语义有多重性和复杂性的特点,也造成了部分合同条款可多重理解或者表述不严密,个别条款甚至有利于施工企业,这就为成本控制人员有效利用合同条款创造了条件。在合同条款基础上进行的变更索赔,依据充分,索赔成功的可能性也比较大。建筑招标投标制度的实行,使施工企业中标项目的利润已经很小,个别情况下甚至没有利润,因而项目实施过程中能否依据合同条款进行有效的变更和索赔,也就成为项目能否赢利的关键。

加强成本管理将是水利施工企业进入成本竞争时代的竞争武器,也是成本发展战略的基础。同时,施工项目成本控制是一个系统工程,它不仅需要突出重点,对工程项目的人工费、材料费施工设备、周转材料租赁费等实行重点控制，而且需要对项目的质量、工期和安全等在施工全过程中进行全面控制，只有这样才能取得良好的经济效果。

第八章　建设实施阶段合同管理

建设实施阶段是指主体工程的建设实施时期，在该阶段项目法人按照批准的建设文件，组织工程建设，保证项目建设目标的实现。从广义来讲，项目法人与签约单位通过合同联系在一起，双方围绕合同进行的质量管理、进度管理、安全管理等全部行为都是合同管理的内容；我们通常说的结算管理、变更索赔处理、统计核算等仅是合同管理的部分内容，是合同管理部门的日常工作，也可称为狭义的合同管理。本章针对狭义的施工合同管理内容进行说明。

第一节　建立职责清晰的全员合同管理责任体系

合同是确定甲乙双方责任、权利、义务的法律文件，也是联结双方的纽带，所有参与工程建设的主体、部门、人员全部围绕合同开展工作。工程建设实践中，部分工程建设者认为合同管理是合同部门的事，处理问题不看合同约定，管理凭经验，容易引发变更、索赔，十分不利于投资控制，因此建立职责清晰的全员合同管理责任体系对促进工程建设十分必要。在建设实施阶段，项目法人可采取以下措施加强合同管理。

1. 明确部门合同管理职责并与分解后的项目管理预算相契合。

2. 制订总进度计划并以此为基础制订年度计划，图纸供应、移民征迁均以此为标准统筹进度安排，总进度计划一经制订一般情况不得修改。

3. 建立生产例会制度，及时沟通信息，对图纸供应、移民征迁以及现场管理中存在的问题进行协调处理。

4. 加强现场生产管理，特别是为相邻标段提供作业条件的工作面，要重点加强现场管控。

5. 加强图纸审查，对不符合初步设计或与招标设计不一致的施工图纸，严格审查并按照设计合同约定的考核机制进行奖罚。

6. 加强重大施工方案审查报批管理，对监理工程师适度授权，重大施工方案应在联合审查的基础上审批。

7. 建立健全合同管理制度体系，包括合同管理制度、计量管理制度、图纸审查制度、重大技术方案审查制度、工程变更及索赔处理管理制度、生产例会制度等。

第二节 结算管理

工程价款结算是维持工程建设顺利进行的重要工作，其有序办理依赖于对合同支付条件的准确理解和对量、价的正确核算。

一、典型结算管理程序

1.承包商对已完成的质量合格的工程进行准确计量并请监理复核。

(1)承包商按照合同规定的计量方法，按阶段对已完成的质量合格的工程进行准确计量，按合同“工程量清单”的项目分项向监理工程师提交完成工程量报表和有关计量资料。

(2)监理工程师进行审核，以确定完成的工程量，有疑问时可以要求承包商和监理人共同复核并提供补充计量资料，如承包商未按要求参加复核，则监理人复核修正的工程量可视为准确工程量。

(3)项目法人(一般是工程管理部)对监理工程师签认的工程量进行复核，有疑问时可以要求承包商和监理人共同复核并提供补充计量资料，也可以要求监理人重新审核。

2.承包人提交付款申请单，并附工程量报表和有关计量资料。

3.监理人在规定的时间内复核并出具付款证书。

4.项目法人在规定的时间内复核付款证书并签署意见。

5.承包商按照结算金额开具发票，项目法人支付工程款(如采用国库集中支付，需将结算资料提交主管部门和财政部门审核后支付)。

二、结算资料管理

(一)承包商付款申请资料

1.进度付款申请单(项目经理签字，加盖项目部公章)。

2.附件。包括：

(1)进度报表：总表和分项明细表，包括项目名称、合同量价、本期前已完成量价、本期申请量价等。

(2)工程量报表和有关计量资料：包括有关说明、各方签证资料，变更资料。计算过程、测量原始资料有关图片等。

(二)项目法人支付单

项目法人在付款证书签署意见，包括工程建设部、合同管理部、质量安全部、财务管理部和项目法人代表审签等。

三、总价项目支付

1. 总价项目的计量和支付以总价为基础，按照承包商实际完成的工程量控制总价项目的进度支付。

2. 承包商应对总价子目进行分解，并在签订协议后的28天内将各子目的总价支付分解表提交监理人审批。分解表应标明所属子目和分阶段支付的金额。

3. 经批准的总价项目分解表是承包商办理总价项目支付的依据，承包商应按批准的各总价子目支付周期，对已完成的总价子目进行计量，确定分项的应付金额列入进度付款申请单中。

四、预付款支付

1. 预付款用于承包商为合同工程施工购置材料、工程设备、施工设备、修建临时设施，以及组织施工队伍进场等，分为工程预付款和工程材料预付款，预付款必须专用于合同工程。预付款的额度和预付办法在合同（专用合同条款）中约定。

2. 预付款保函（担保）。

（1）承包商应在收到第一次工程预付款的同时向项目法人提交工程预付款担保，担保金额应与第一次工程预付款金额相同，工程预付款担保在第一次工程预付款被项目法人扣回前一直有效。

（2）预付款担保的担保金额可根据预付款扣回的金额相应递减。

3. 预付款的扣回与还清。预付款在进度付款中扣回，在颁发合同工程完工证书前，由于不可抗力或其他原因解除合同时，预付款尚未扣清的，尚未扣清的预付款余额应作为承包商的到期应付款。

4. 工程实践中，可能遇到施工单位提交有限期限保函（相对于无固定期限保函）的情况，项目法人要高度重视此种保函。一是严格要求承包商提供无固定期限保函，否则不予支付预付款；二是对确因实际情况无法开具无固定期限保函的施工单位，在合同执行过程中必须密切关注保函到期情况和预付款未扣回额度，及时督促施工单位更换预付款保函，对于不能按时更换的要立即通知银行冻结保函，保证项目法人利益不受损害。

五、工程进度付款

1. 付款周期。同计量周期，可以按月、季度或者按照某些重要节点等。

2. 进度付款申请单。承包商应在每个付款周期末，按监理人批准的格式和合同约定的份数，向监理人提交进度付款申请单，并附相应的支持性证明文件。除合同另有约定外，进度付款申请单应包括下列内容：

(1)截至本次付款周期末已实施工程的价款。

(2)增加和扣减的变更金额。

(3)增加和扣减的索赔金额。

(4)应支付的预付款和扣减的返还预付款。

(5)应扣减的质量保证金。

(6)根据合同应增加和扣减的其他金额。

3.进度付款证书和支付时间

(1)监理人在收到承包商进度付款申请单以及相应的支持性证明文件后的14天内完成核查，提出项目法人到期应支付给承包商的金额以及相应的支持性材料，经项目法人审查同意后，由监理人向承包商出具经项目法人签认的进度付款证书。监理人有权扣罚承包商未能按照合同要求履行任何工作或义务的相应金额。

(2)项目法人应在监理人收到进度付款申请单后的28天内，将进度应付款支付给承包商。项目法人不按期支付的，按合同约定支付逾期付款违约金。

(3)监理人出具进度付款证书，不应视为监理人已同意、批准或接受了承包商完成的该部分工作。

(4)进度付款涉及政府投资资金的，按照国库集中支付等国家相关规定办理。

4.工程进度付款的修正。在对以往历次已签发的进度付款证书进行汇总和复核中发现错漏或重复的，监理人有权予以修正，承包商也有权提出修正申请。经双方复核同意的修正，应在本次进度付款中支付或扣除。

5.项目法人应按不低于工程价款的60%，不高于工程价款的90%向承包商支付工程进度款。按约定时间项目法人应扣回的预付款，与工程进度款同期结算抵扣。

第三节　变更管理

工程变更是指施工过程中出现了与签订合同时预定条件不一致的情况，并需要改变原定施工承包范围内的某些工作内容，从而导致承包商实施工程项目的范围、内容、工艺等合同条件相较签订合同时发生了变化，承包商以此要求变更工期、项目单价的行为。工程变更包括工程量变更、工程项目的变更(增减工程项目)、进度计划变更、施工条件的变更等，因为我国要求严格按图施工，这些变更最终往往表现为设计变更。考虑到设计变更在工程变更中的重要性，往往将工程变更分为设计变更和其他变更(如火工品供应不及时引起的开挖方式调整等)两大类。按照变更导致的后果可分为工期变更和费用变更。

一、变更的范围和内容

1.取消合同中任何一项工作,但被取消的工作不能转由项目法人或其他人实施。

2.改变合同中任何一项工作的质量或其他特性。

3.改变合同工程的基线、标高、位置或尺寸。

4.改变合同中任何一项工作的施工时间或改变已批准的施工工艺或顺序。

5.为完成工程需要追加的额外工作。

6.增加或减少专用合同条款中约定的关键项目的工程量超过其工程总量的一定数量百分比。

7.上述第1-6条的变更内容引起工程施工组织和进度计划发生实质性变动和影响其原定的价格时,才予调整该项目的单价。第6条所述情形单价调整方式应在合同中明确约定。

二、变更原因分析

前款所述变更发生的原因很多,有客观条件变化、勘察设计深度不够等,典型的有以下几点。

1.现场施工条件的变化(如水文、地质情况变化等)。

2.设计变更(包括图纸、设计通知现场签证等)。

3.工程范围发生变化(新增项目)。

4.进度协调引起工程师发出变更指令。

5.外部环境条件发生变化(如政府部门对火工品的管制)。

6.政策法律变化引起的价格调整(如在基准日后的税率调整等)。

分析变更产生的原因并对照部门职责可将上述变更进行对照分类,如水文、地质情况变化属于勘察设计深度不够所致,其责任部门应为勘察设计单位、工程技术部;进度协调引起工程师发出变更指令,其责任部门为工程管理部、监理工程师;政策环境发生变化属于不可抗力。

三、管控变更的主要措施

引发变更的原因虽然很多,但主要的有五类:一是勘察设计深度不够,二是由于现场管理、进度协调而由监理工程师下发的指令,三是合同缺陷,四是客观环境变化,五是法律法规发生变化。上述五种引发变更的原因中,前三种可以采取措施减少变更项目、变更工程量,第四种也可以采取措施避免变更或减少费用增加,第五种属于不可抗力。

1.勘察设计深度不够引起的工程变更。前文已经说过,设计是工程的灵魂,勘察设计工作必须扎实，如果前期初步设计、招标设计深度不够，建设实施阶段变更多是难免的。因此，解决该问题的重点应放在初步设计、招标设计阶段，一定要建立全过程投资控制的理念，做好前期设计管理工作。

2.在招标设计深度满足要求的基础上，项目法人要建立招标文件编制、审查机制，提高招标文件编制质量，前文已经进行说明，在此不再赘述。

3.建立重大施工方案联合审查制度，必要时请专家进行咨询，提高施工方案科学性、合理性；建设管理过程中对监理工程师适度授权，减少工艺变更。

4.建立风险预警机制，加强事前准备，避免变更或降低费用增加。如水泥等大宗建筑材料，水泥厂在夏天用电高峰时经常属于限电对象从而造成供应紧张，因此应加强沟通，提前存货应对所需(考虑水泥有效期备货)。

5.基于项目管理预算，按照职责严明奖罚。

6.建立严格的工程变更审批机制。

四、工程变更合同处理

(一)合同变更报价文件的编制

合同变更报价书一般由承包商编制，其内容主要包括以下四个方面：

1.合同依据说明。以合同变更文件内容与变更范围相关规定进行比照为基础，阐述变更成立的理由。

(1)变更指示文件。简述合同变更项目指示文件的发送时间、发送单位、事件原由、主要内容、变更规模等。

(2)变更的范围及内容。主要说明合同变更依据的文件及内容符合变更范围内的哪一项或哪几项规定，找出变更的合同依据，特别对由于变更指示文件而引起的工程施工组织和进度发生实质性变动，以致影响合同价格的需重点说明。

2.变更项目施工方案(或施工措施)说明。

依据变更指示编制的施工方案(一般情况下经监理工程师批复)，说明由于变更指示文件而引发的工程施工组织和进度计划发生了哪些实质性变动，重点说明与投标施工组织设计的差异以及由此引起的资源投入变化。该施工方案一般包括以下内容：

(1)工程概况说明。部位、结构、功能、主要项目及工程量等。

(2)施工措施说明。现场布置、临建设施、进度计划、施工方法等。

(3)资源配置说明。人力、机械、材料的投入等。

(4)与投标施工组织设计的差异。

3.变更报价说明及计算。

说明由于变更指示文件引起的工程施工组织和进度计划发生实质性变动，原合同确定的价格不再适用，必须按照合同确定的变更价格确定原则重新定价，重点说明应按怎样的原则确定合理的单价或总价。计价原则及计算资料主要包括；

（1）计价原则。一般按照确定的变更定价原则办理。

（2）计价基础数据。一般参照合同，主要包括以下内容：人工、材料、机械设备、水、电、风等基础单价原则上采用合同价；定额参照合同使用的定额，定额必须与施工方案相匹配；费率一般参照合同确定。

4. 其他辅助资料。

（1）设计修改通知书、项目法人或监理指令（现场工作联系单、现场签证单等）。

（2）工程量计算资料（测量图及测量数据表、现场取得的相关数据、工程量计算式）。

（3）施工方案及监理的批复文件。

（4）其他资料（如采购发票、三方询价记录、政府主管部门发布的信息价，补充定额、相关影像资料等）。

（二）工程变更立项审查

变更立项审查的重点：一是该项变更有没有合同依据，二是支撑资料是不是齐全有效。合同是审查变更时最主要依据，承包商申报的变更必须具有相应的合同条款支撑。另外，支撑资料必须齐全且有效，能够有力支撑承包商的变更诉求，常见的支撑资料包括经监理工程师审查下发的图纸、设计通知、现场签证单及工程师指示等资料。

工程实践中，要特别注意并重视“变更内容引起工程施工组织和进度计划发生实质性变动和影响其原定的价格时，才予调整该项目的单价”条款，必须对比当前的施工组织和投标文件施工组织设计的本质区别并分析研判是否需要调整合同价格。

（三）工程变更价格审查的基本原则

按照的规定，工程变更价格审核原则如下：

1. 已标价工程量清单中有适用于变更工作的子目的，采用该子目的单价。

2. 已标价工程量清单中无适用于变更工作的子目，但有类似子目的，可在合理范围内参照类似子目的单价，由监理人审核并报项目法人批准后确定变更工作的单价。

3. 已标价工程量清单中无适用或类似子目的单价，可按照成本加利润的原则，由监理人审核并报项目法人批准后确定变更工作的单价。

第四节　索赔管理

索赔是工程承包合同履行过程中，当事人一方因对方不履行或不完全履行既定的义务，或者由于对方的行为使权利人受到损失时，要求对方补偿损失的权利。工程索赔分为施工索赔和项目法人索赔。施工索赔指由承包商提出的索赔，即由于项目法人或其他方面的原因，致使承包商在项目施工中付出了额外的费用或给承包商造成了损失，承包商通过合法途径和程序。要求项目法人偿还他在施工中额外的费用或损失。项目法人索赔指由项目法人发起的索赔，即由于承包商不履行合同以致拖延工期、工程质量不合格、中途放弃工程，项目法人向工程承包商提出的索赔。索赔是工程承发包中经常发生并随处可见的正常现象，索赔管理是合同管理中重要的组成部分。

一、承包商据以索赔事件

合同是约定承发包双方权利和义务关系的法律文书，是承包商组织施工的依据，也是进行工程索赔最重要的依据。项目法人、承包商在履行合同前都应该组织相关人员学习、领会合同精神。弄清合同赋予双方各自的权利和义务，在此基础上，根据双方权利和义务分析可能据以索赔的事件及其特征。承包商据以索赔的事件一般包括以下几点：

1. 发包方未按合同规定的内容和时间提供施工场地、测量基准和应由发包方负责的部分准备工程等承包方施工所需要的条件。

2. 发包方未按合同规定的时限向承包方提供应由发包方负责的施工图纸。

3. 发包方未按合同规定的时间支付各项预付款或合同价款，或阻挠、拒绝批准任何支付凭证，导致付款延误。

4. 由于法律、财务等导致发包方已无法继续履行或实质上已停止履行本合同义务。

5. 发包方未按合同规定的时间向承包方提供应由发包方负责供应的材料，设备或因其质量有缺陷而影响承包商正常施工。

6. 工程变更。

7. 监理工程师指令有误。

8. 监理工程师要求额外检验或重新检验，且检验合格的。

9. 实际地质条件与招标文件提供的资料不一致。

10. 发现了图纸未标明的人为障碍物而导致承包商费用增加或工期延长。

11. 发生了不可抗拒的灾害。

12. 设计图纸错误。

13. 因非承包商的责任引起的工期延长或暂停施工。

14. 发包方要求加速施工。

15. 工程量增减超过一定限度。

16. 物价波动，包括法规变更引起的工程费用增减。

17.发包方应承担的风险。

18.合同文件本身错误、模糊或自相矛盾。

19.发包方终止合同。

分析索赔产生的原因并对照部门职责将上述索赔进行对照分类，如水文、地质情况变化属于勘察设计深度不够所致，其责任部门应为勘察设计单位、工程技术部；"监理工程师要求额外检验或重新检验，且检验合格的"，其责任部门为工程管理部、监理工程师；"发包方未按合同规定的内容和时间提供施工场地"，其责任部门为移民环境部、地方政府移民征迁机构。

二、管控索赔的主要措施

引发索赔的原因虽然很多，但主要的有三类：一是勘察设计深度不够引起的索赔；二是由于项目法人没有及时提供合同约定的施工条件，如没有及时提供施工场地、水、电、路及作业面而引起的索赔；三是不可抗力。

1.勘察设计深度不够引起的工程索赔。前面已经说过，管控重点应放在初步设计、招标设计阶段，一定要做好前期设计工作。

2.在总进度计划的统一协调下，移民征迁、物资供应、场内外道路及水、电供应务必满足需要，避免因进度计划执行不到位导致项目法人提供的条件不具备而引发索赔。

3.建立月度生产例会制度，及时沟通信息、协调处理问题，加强关键事项督办力度。

4.建立应急响应制度，发生不可抗力事件时及时启动，采取措施降低损失并及时联系启动保险理赔，同时对承包商损失进行记录、签证，为后期处理索赔做好准备。

5.建立完善的项目管理信息系统，保证工程管理信息及时有效地传递和处理，供项目管理人员判断分析。

三、索赔项目

索赔项目包括工期索赔和费用索赔。

1.工期索赔

在施工过程中，发生由于非承包商原因使关键项目的施工进度拖后而造成工期延误时，承包商可要求发包方延长合同规定的工期。

在工期索赔中，凡是由于客观原因造成的拖期，承包商一般只能提出工期索赔，不能提出费用索赔；凡属发包方原因造成的拖期，承包商不仅可以提出工期索赔，也可以提出费用索赔。

索赔事件发生后，承包商要分析是否为关键项目以及原先的非关键项目是否转换为关键项目，如果是关键项目同时造成工期延误，则按具体延误时间提出工期索赔并修订进度计划；否则，不能提出工期索赔。

若发包方要求承包商修订进度计划或要求承包商提前完工，承包商可据此向发包方提出赶工费用补偿要求。

2.费用索赔

由于项目法人或其他方面的原因，致使承包商在项目施工中付出了额外的费用或给承包商造成了损失，承包商通过合法途径和程序，要求项目法人偿还他在施工中额外的费用或损失。

四、索赔证据

索赔证据是工程施工过程发生的记录或产生的文件，是承包商用来实现其索赔的有关证明文件和资料。索赔证据作为索赔文件的一部分，在很大程度上关系到索赔的成败。索赔证据不足或没有索赔证据，索赔就不可能获得成功。作为索赔证据既要真实，又要有法律效力。

1.索赔证据的基本要求

(1)真实性。索赔证据必须是在实际施工过程中产生的，能够完全反映实际情况，能经得住“推敲”。

(2)全面性。所提供的证据应能说明事件的全过程，索赔报告中所涉及的干扰事件、索赔理由、索赔金额等都应有相应的证据，不能零乱和支离破碎。

(3)及时性。证据是工程活动或其他活动发生时的记录或产生的文件，除专门规定外后补的证据通常不容易被认可。证据作为索赔报告的一部分，一般和索赔报告一起提交监理工程师和项目法人。

2.常用索赔证据分类

索赔证据的范围很广，从施工管理的角度看索赔证据主要有以下6类。

(1)工程量清单

工程量清单是工程项目的重要组成部分，工程量清单中所确定的工程量是以估计数出现的，而在工程实际实施过程中，由于环境变化和各方面因素的改变，原来的工程量会有一定程度的变动。

(2)施工图纸

作为索赔证据，施工图纸是非常重要的。

(3)规范

规范对双方而言都是极为重要的证据来源。一般来说，对规范本身很少有争议，但是施工是否按照规范实行，确认的方法是否有出入，这些问题在合同执行过程中经常发生。因此，工程的实施过程中承包商必须了解和熟悉工程所依照的规范，对其内容和要求了如指掌，对规范与实际施工的符合程度能做出明确的判断，并能加以分析论证，使规范在索赔取证中为己所用。

(4)承包商的主要施工进度

承包商的主要施工进度包括总进度计划、开工后项目法人代表或监理工程师批准的详细进度计划、每月修改计划、实际施工进度记录月进度报表等。对索赔有重大影响的，不仅是工程的施工顺序、各工序的持续时间，而且包括劳动力、管理人员、施工机械设备的安排计划和实际情况、材料的采购订货、使用计划等，因此进度计划及相关文件也是索赔的重要证据。

(5)各种会议记录

各种会议记录包括标前会项目法人对承包商问题的书面答复或双方签署的会谈纪要，合同实施过程中项目法人、监理工程师和各承包商定期会商做出的决议或决定等。上述会议记录均可作为合同的补充，但会谈纪要须经各方签署才有法律效力。

(6)施工过程中的相关文件资料

施工过程中的相关文件资料能全面反映施工中的各种情况，主要包括：

1)发给承包商或分包人的信函。

2)工程照片、录音录像带。

3)各种指令。

4)各类票据原始凭证。

5)气象资料。现场每日天气状况记录，如果遇到恶劣的天气，承包商应做详细记录。承发包双方认为有必要时均可到当地气象部门出具权威的气象记录。

6)监理工程师填写的施工记录和各种签证，以及经项目法人代表或监理工程师签认的施工中停电、停水和道路封闭、开通记录或证明以及其他承包商的干扰记录。

7)各种检查验收报告及技术报告，如工程水文地质报告、土质分析报告、文物和化石的发现记录、地基承载力试验报告、设备开箱验收报告等。

8)施工记录、施工备忘录、施工日志、现场检查记录等。

9)市场行情资料。包括政府工程造价部门发布的价格信息、调整造价的方法和指数等。

10)各种工程统计资料，如周报、旬报、月报等。

11)政府部门发布的政策法规文件等。

3.索赔证据的日常收集

(1)索赔证据收集过程必须合法，否则不具有证明力。首先，收集的索赔证据必须真实，不能是虚假的证据；其次，收集索赔证据的方式必须合法，不得采取威胁、利诱的方式收集；最后，收集到的证据必须是依法可以持有的证据。

(2)索赔证据收集应有前瞻性，贯穿于项目实施全过程。证据的收集应具有前瞻性，不能单纯为了索赔而收集证据，单纯为了索赔收集证据往往收集不到证据。实践中有效的做法是，将索赔证据的收集与施工过程中资料文件的档案管理有机结合起来，在加强资料管理的同时，有效避免了索赔证据的遗漏。

（3）索赔证据的收集应及时，力求全面、完整。水利工程建设周期长，各种索赔证据随时可能发生，及时进行收集可最大限度提高证据收集的成功率。首先，索赔证据刚刚发生时，相关人员对刚发生的事情印象深刻，现场相关情况或物证尚未消失或发生改变，有利于真实反映当时的客观情况，也容易获得对方现场管理人员的确认。其次，及时收集有利于避免因对方现场管理人员的变动或现场情况的变化而增加工作难度。最后，及时收集有利于避免证据收集的遗漏。

4.索赔证据的整理

索赔证据只有形成完整的证据链，才能有效证明索赔事项、保证索赔成功。因此，索赔证据的收集过程不应简单停留在获取现成证据的层面上，索赔证据的收集应与索赔证据的审查整理结合起来，在确立索赔意向和获得索赔证据的基础上，应仔细分析审查索赔证据是否全面、完整，据此主动收集新的索赔证据，弥补索赔证据链条的不足，以达到索赔证据全面完整的目标、保证索赔成功。

五、施工索赔计算

（一）工期索赔

工期索赔一般通过分析关键路线项目的延误时间确定。

（二）费用索赔

承包商可以提出与工程延误相关的施工索赔费，主要如下。

1.人工费索赔。人工费包括生产工人的基本工资、工资性质的津贴、加班费、奖金等。

人工费索赔包括

（1）完成合同外的额外：工作所需花费的人工费。

（2）由于非承包商责任的工效降低所增加的人工费。

（3）法定的人工费增长。

（4）因非承包商责任造成的工程延误所导致的人员窝工费和工资上涨费。

2.材料费索赔包括

（1）由于索赔事件使材料的实际用量超过计划用量而增加的材料费。

（2）由于索赔事件导致工期拖后从而导致材料采购价格相较原计划大幅度上涨而增加的费用。

（3）由于非承包商责任造成工程延误所导致的材料超期储存费用。

3.施工机械使用费的索赔包括

(1)由于完成额外工作而增加的机械使用费。

(2)非承包商责任使工效降低所增加的机械使用费。

(3)由于项目法人或监理工程师原因导致机械停工的窝工费。

机械窝工费的计算需注意以下两点:一是要分析承包商的投标文件,核算其承诺进场的施工机械设备是否全部按照投标文件的台数、型号进场。二是如设备为承包商自有设备,一般按照台班折旧费计算窝工费;如设备为租赁设备,一般按照实际台班租金计算。

4.其他直接费。是承包商完成额外工程、索赔事项工作以及工期延长期间的临时设施费等。

5.间接费。是承包商完成额外工程、索赔事项工作以及工期延长期间的规费、管理人员工资办公费等。

6.利润。由于超出工程范围的变更和施工条件变化引起的索赔应计算利润。

7.税金。索赔费用应计算税金,税率按投标书中的税率计算。

(三)因工程终止提出的索赔

由于项目法人不正当地终止或非承包方原因而使工程终止,承包方有权提出以下施工索赔。

1.盈利损失。其数额为该项工程按照合同价格的预估利润,具体数额可通过单价分析和剩余工程量计算。

2.补偿损失。包括承包商在被终止工程上的人工、材料、设备的全部支出,以及监督费、债权、保险费等财务费用支出、管理费支出(不包括已经形成实物工程量并办理结算的部分)。

六、索赔报告的编制

索赔报告是提出索赔要求的书面文件,是承包商对索赔事件的处理结果,也是项目法人审议承包商索赔请求的主要依据,一般包括以下内容。

1.总论部分。详细描述事件过程、承包商采取的措施和给承包商带来的损失。

2.根据部分。按照合同,索赔报告应仔细分析事件的性质和责任,明确指出索赔所依据的合同条款和法律条文,并说明承包商的索赔完全按照合同规定程序进行。一般索赔报告中所提出的事件都是由对方责任或不可抗力等意外事件引起的,应特别强调事件的突然性和不可预见性,即使:一个有经验的承包商对它也不可能有预见和准备,对它的发生承包商无法制止。

3.计算部分。采用合理的计算方法和数据,正确计算出应取得的费用补偿和工期补偿,避免漏项和重复计算,计算时切忌漫天要价。

4.证据部分。索赔必须有充分的证据资料进行支撑,主要证据材料一般包括;

(1)现场同期记录。包括施工日记、现场检查记录、窝工人员、设备记录、受损的设备和已完(未完)工程等。

(2)现场影像资料。应及时对事件全过程进行拍照,对照片进行编号整理并附上简要文字说明。

(3)监理工程师指令。一旦索赔事件发生,承包商应定期向监理工程师发函报告现场施工情况,并要求工程师给以书面指令,对于工程师的任何指令都应及时收集整理。

(4)合同文件。包括招标文件、投标文件、谈判纪要、施工图纸以及相关机构鉴定文件等,如具有相关资质的机构出具的涌水量报告岩石强度试验结果等。

(5)政策法规资料。如税率调整文件、政府气象部门发布的气温、降雨量报告等。

(6)财务资料。如财务报表、费用使用凭证等。

(7)其他。如标准、规范等。

七、施工索赔的审核原则

水利工程建设规模大,建设周期长,现场施工条件、气候条件以及地质条件变化等均可引起施工索赔,审核施工索赔时,应把握以下原则。

1.必须以合同为基本依据

由于施工索赔是承包商根据合同有关条款,要求项目法人补偿不是由于自身责任造成损失的行为。因此,在审核施工索赔时,不论是合同中明示的或合同中隐含的,都必须在合同中找到相应的依据;否则,即使承包商证据再翔实可靠,施工索赔也不能予以认可。

2.应分析发生索赔的原因并合理区分责任

索赔在工程承包中时常发生,引起索赔的因素很多,有属于项目法人责任的,如不利的自然条件与人为障碍、工程变更、非承包方原因引起的工期延期、项目法人不正当地终止工程、拖延支付工程款以及其他项目法人应承担的风险等;也有属于承包方责任的,如因承包方引起的工期延期、质量不满足要求和其他承包商应承担的风险等。在同一索赔事件中,引起索赔的因素可能有多个。在审核施工索赔时,应分析索赔发生的原因,根据合同的规定,合理区分双方责任,为索赔金额或工期确定提供依据。

3.注重索赔事项的真实性

审核施工索赔时,必须确认该索赔事项真实存在,因此项目法人工程管理部门必须做好日常记录和资料管理工作,同时督促监理工程师做好现场记录,为有可能的索赔事件处理提供原始资料。监理日志是反映现场情况的第一手资料,必须严格要求并真实完整记录,对于可能发生索赔事项的事件和施工现场,注重收集影像资料。

4.注重施工索赔的时效性

索赔是有时效性的，承包商应在察觉或应当察觉出现索赔事件或情况后28天内发出索赔通知；否则承包商无法获得索赔款，而项目法人可以免除有关该索赔的全部责任。

5.正确计算索赔费用

承包方为了完成额外的施工工作而增加的成本，如人工费、材料费、施工机械使用费、管理费、利息和利润等，承包方均可向项目法人提出索赔。但对于不同原因引起的索赔，承包方按合同约定可以提出索赔的具体内容不同，因此在计算索赔费用时，应根据实际情况公平、公正地核算索赔费用。

八、项目法人索赔

项目法人索赔一般包括拖延竣工期限索赔、有缺陷工程计费、不正当地放弃工程或合理终止工程的计费以及其他索赔。

（一）拖延竣工期限索赔

由于承包商拖延竣工期限，项目法人提出索赔，一般包括以下两种计费方法。

1.按清偿损失计费

清偿损失等于承包商引起的工期延误日乘以日清偿损失额。项目法人采用清偿损失条款的优点是由于合同中已经明确合同工期，延误的工期很容易计算出来，可以避免因调查研究、计算和论证实际延误而需要额外支出的费用和花费的时间，采用清偿损失计费的主要缺点是清偿损失额经常比项目法人遭受的实际延误损失小得多，因为项目法人如果在工程招标时采用较高的损失额，必将引起承包商大幅度提高标价甚至拒绝投标。

2.按实际损失额计费

项目法人按工期延误的实际损失额向承包方提出的索赔一般包括以下内容：

(1)项目法人预期盈利和收入的损失。

(2)扩大的工程管理费用开支，如项目法人雇用职员因延期而发生的费用，以及项目法人提供设备在延长期内的租金或折旧费。

(3)超额筹资的费用，如果工程投资采用贷款筹集，超期支付的利息是项目法人承担的最大损失，项目法人对承包商延期引起的任何利息超额支付都可作为延误损失提出索赔。

（二）有缺陷工程计费

如果项目法人被迫接受一项有缺陷的工程，就有权从承包商处取得补救工程缺陷的花费，项目法人有权收回因工程存在缺陷使资产价值降低的数额。

(三)不正当地放弃工程或合理地终止工程的计费

如果项目法人合理地终止承包商的承包,或者承包商不正当地放弃工程,则项目法人有权从承包商手中收回由新的承包商完成全部工程所需的工程价款与原合同未付部分的差额。

(四)其他项目法人索赔

如承包商未能按合同条款约定的项目投保,项目法人支付保险的费用可在应付给承包商的款项中扣回;承包商未能向指定的分包商扣款,项目法人有权从应付给承包商的款项中如数扣回;如果工程量增加很多,使承包商预期收入较大,项目法人有权收回超额利润。

九、索赔管理

无论对承包商还是对项目法人,索赔、反索赔和预防索赔、处理索赔都是合同管理常见工作,同时也是重点、难点工作,双方围绕索赔的博弈贯穿项目建设全过程。对于承包商来说,要做好索赔工作,可从以下方面努力:

1.承包商进场后,应组织工程、技术人员认真研读合同,并进行集体讨论,分析确定合同执行中容易触发索赔机会的事件,明确相关人员职责并形成索赔应对机制。

2.必须配置专业的合同管理人员。索赔涉及合同、法律法规、工程技术、工程管理等多方面的知识,是一项专业性很强的工作,做好索赔必须配备专业的索赔管理人员。

3.建立完善的施工管理信息系统支持索赔处理。信息的收集整理是非常重要的,如果没有完善的施工管理信息系统支持,索赔信息得不到及时有效地传递和处理,索赔证据有可能消失,就会错失索赔机会。

4.严格履行合同,搞好公共关系。承包商签订合同进场后,务必组织切实有效的施工,站位工程建设大局,严格履行合同确定的义务,树立承包商守合同、重信用的形象,处理好与项目法人、监理工程师、设计单位等其他参建单位的公共关系。

项目法人的索赔管理前文已经说明,在此不再赘述。

第五节　“赶工”费用计算

建设实施过程中,因外部环境条件发生变化项目法人要求提前发电、施工单位生产组织不力而导致工期滞后等经常发生“赶工”,项目法人、监理单位、施工单位等参建各方围绕“赶工”原因及责任、风险分担、费用计算争论激烈,“赶工”费用的计算尚没有国家发布的权威性指导文件,实践中计算方法多样,这些都是“赶工”费用计算中需要重点研究的问题,也是难点问题。

一、“赶工”费用的补偿原因

非承包商责任施工“赶工”，是指工程施工过程中因项目法人违约或客观条件发生变化，承包商被动地改变原先施工合同中约定的进度计划、资源投入、施工组织方案、资金流管理和使用计划，为满足进度要求而通过加大资源投入强度、施工组织难度、资金管理力度来加快施工进度而使施工成本增加，利润降低，承包商为此付出比合同正常工期施工更多的代价，相应地增加了成本，减少了利润。

二、项目法人承担“赶工”费用的前提条件

非承包商原因导致工期延误而项目法人又要求“赶工”以抢回工期，或者项目法人要求提前发电以尽早发挥工程效益，从而造成承包商投入增加，承包商因此要求补偿“赶工”费用，项目法人应予补偿。下列原因引起的工期延误由项目法人承担。

1.项目法人违约，一般包括：

(1)没有按照约定及时提供施工图纸。

(2)没有按照合同约定及时提供永久用地或临时占地。

(3)没有及时提供地下障碍物图纸或提供的图纸不准确、不完整。

(4)项目法人供应材料(设备)的，因项目法人发生交货日期延误并影响承包商现场施工的。

(5)项目法人提供的施工道路不能按期交付使用影响承包商现场施工的。

(6)项目法人未能按合同约定支付预付款或合同价款，或拖延、拒绝批准付款申请和支付凭证，导致付款延误的。

2.不利物质条件。是指承包商在施工场地遇到的不可预见的自然物质条件、非自然的物质障碍和污染物，包括地质和水文条件，但不包括气候条件。

3.发生不可抗力。不可抗力指承包商和项目法人在订立合同时不可预见，在工程施工过程中通过采取措施无法避免发生并不能克服的自然灾害和社会性突发事件，如地震、海啸、瘟疫、水灾、骚乱、暴动、战争等。

4.出现专用合同条款约定的异常恶劣气候条件导致工期延误。

三、“赶工”事项的界定

工期的延误是由多种原因引起的，而工期延误所引发的“赶工”是最为常见，也最为复杂的。“赶工”以及“赶工”背后工期延误原因或者说责任的界定，是“赶工”处理的难点，其一般需要以下三类资料或者文件支持。

1.监理工程师或项目法人批复的相关工期报告。以界定“赶工”前的工期延误是否属非承包商原因造成的，若是承包商自身原因造成的工期延误，“赶工”费用则由承

包商自身承担。实践操作中，承包商引起的工期延误、项目法人原因引起的工期延误、不可抗力、异常恶劣的天气条件等种种因素往往交织在一起，必须认真逐项进行分析。

2.项目法人或监理工程师的"赶工"指令，也就是"赶工"实施的依据。

3.承包商编报并经监理工程师批复同意的"赶工"措施，这也是"赶工"费用计算的基础。

四、"赶工"方案

"赶工"方案对"赶工"能否实现预期目标和"赶工"费计算有十分重要的作用，特别对于事前确定"赶工"费的情况，基本上方案定、费用定，因此应高度重视"赶工"方案的编制审查。"赶工"方案应包括下列主要内容：

1.项目概述。

2."赶工"背景及理由。

3."赶工"依据。

4.关键路线项目分析及"赶工"强度分析。

5."赶工"措施。

6.保障措施。

7.质量、安全及文明施工。

五、"赶工"费的构成

水利工程规模大，结构复杂，采取"赶工"措施，会涉及多种资源的增加与消耗，如人工及施工机械数量的增加，周转性材料及其他材料的增加、临建设施的增加，同时由于施工作业面的限制以及施工强度的要求，施工效率比正常条件下有一定程度的降低，虽然各个工程所需增加的费用构成各不相同，但是总体类似，一般来说，水利工程"赶工"费构成主要包括以下内容。

1.工程增加费

工程增加费指为了达到"赶工"目的而采取必要的工程措施所发生的费用，主要构成为：

(1)人工增加费。主要包括新增人员进退场费和加速施工期间人工降效、人员加班产生的人工补偿费。

(2)材料增加费。主要包括因工作而的增加引起的周转性材料增加费，以及采取工程措施而增加的其他材料增加费。

(3)施工机械增加费。主要包括新增施工机械进退场费和加速施工期间机械降效产生的机械补偿费。

(4)临时设施增加费。指因采取“赶工”措施而需增加临时设施的费用，一般有生活文化用房增加费、生产设施增加费、施工供电增加费、施工供水增加费、施工供风增加费等。

(5)安全措施费。根据《企业安全生产费用提取和使用管理办法》的规定应计取的建筑安装工程安全费用。

2.激励措施费

若项目法人同意非承包商原因的工期顺延，则将损失原定的按期发电带来的收益，而“赶工"可以为项目法人带来实际经济效益。因此，为了进一步激发承包商“赶工”积极性，让承包商共享“赶工”带来的收益，考虑一定的激励措施费也是可行的。

3.税金。指工程增加费、激励措施费应缴纳的税金。

六、“赶工”费用中措施项目增加费计算

“赶工”一般要增加措施项目及措施费，相较于人工、机械补偿费计算，措施项目增加费的计算比较简单，可以与其他“赶工”费计算方法配套使用(主要指人工、机械补偿费的计算)。

七、“赶工”费用中人工、机械补偿费计算

“赶工”费用中的人工、机械补偿费相对措施项目增加费计算复杂，计算方法也比较多，有的人工、机械补偿费计算方法也可以计算措施项目增加费，下面对常见的计算方法简单介绍。

1.“赶工”强度系数法

“赶工”是合同工期压缩或合同工程量增加而发生的加速施工过程，“赶工”强度系数法把加速施工所产生的“赶工”费用与“赶工”强度之间的关系视为一种正比关系，依据“赶工”前后施工强度变化得出的“赶工”强度系数计算“赶工”费用。

2.调整价差法

调整价差法是以原合同单价为基础，根据工程所在地市场价格重新确定“赶工”时段增加部分的“赶工”人、材、机价格，并计算相应价差的方法。

人工价差。因“赶工”历时较长，且工序干扰导致施工过程中发生降效、窝工现象，根据市场劳动力价格确定新的人工单价，计算人工价差。

材料价差。“赶工”实施过程中，采购人采用材料租赁或因集中采购导致自购材料采购成本变化，考虑材料价差。

机械价差。若新增机械为承包商自有设备，则参照合同价格水平或定额计算机械台时费，并考虑进退场费或安拆费；若新增设备为承包商租赁设备，则按照当地市场租赁价格计算机械价差。

对于“赶工”时段较短的工程，该方法可以比较准确地反映承包商的成本增加，计算简单且比较准确，但要求项目法人、监理工程师对额外投入的人工、材料、机械准确计量。对于“赶工”时段较长的工程，因“赶工”期间人工、材料、机械设备等价格存在波动，容易引起争议和出现较大偏差；同时，该方法也属于事后确定费用，不便于事前控制。

3.约定酬金法

约定酬金法是指项目法人或监理人下达“赶工”指令时，通过签署考核协议的方式设置考核节点目标，若承包商按期完成节点目标，则兑现约定的考核奖励。若承包商能较约定的日期提前完成，则由监理人核实提前天数，并按约定向承包商支付提前完工奖励。

4.典型项目分析法

(1)典型项目分析法基于对“赶工”过程以下认识的基础上提出并展开分析。

1)“赶工”过程是按计划组织和实施的过程，承包商基本上能够按计划组织资源进退场。“赶工”计划相对投标计划来说，以完成目标为首要任务，关键线路的工程项目施工强度加大，各节点工期的保证程度要求高。

2)“赶工”计划较原计划合理性相对较差，“赶工”过程中存在不确定因素比较多，施工强度的波动要比原计划大。因此，在考虑“赶工”期间资源配置时，为了提高主要施工设备的保证率，人工和其他施工设备的投入必须有一定的富余度，以保证在月、周、日甚至是小时施工强度极不均衡的情况下均可满足现场施工需要。

3)增加单一工作面人工和配套机械数量可以提高单一工作面上生产能力，缩短工序时间。同时，由于各工序缩短的时间幅度不一，施工的流水节拍不协调，除主要施工设备外，人工和部分施工设备等待的概率加大，使用效率降低。

4)“赶工”过程中有些项目的施工强度变幅比正常施工时大，人力和机械设备资源组织的难度加大。进场时间需要考虑提前，中间停工时不能轻易退场，因此存在窝工现象加剧的情况。

(2)典型项目分析法的核心是根据“赶工”后的实际情况调整合同定额的人工、机械数量，在具体实践中，经过项目法人、监理工程师批准的“赶工”措施无疑是确定相关调整参数的重要依据，这也要求必须提高“赶工”措施的编制质量。同时，由于有些参数需要根据实际测算，工作量很大，但是这种方法接近于实物量单价分析，所用的计算参数与施工过程结合紧密，比较有针对性，各方可以在一个共同的平台上就具体问题展开协商，调整的幅度可以在控制和预测的范围内，易于达成一致。对于使用财政资金的项目，需关注两个要点：一是高度重视“赶工”措施的编制，必要时组织业内专家进行审核把关；二是典型项目分析法的实质是依据“赶工”后的实际情况调整合同定额的人工、机械的数量，在确定调整数量(系数)环节尽可能组织水利水电工程造价(定额)方面的专家进行咨询并出具咨询意见。

第六节　价差计算

价差计算包括投资人与项目法人、项目法人与承包商两个层次,价差计算方法包括按实调整法、公式法等。相关内容在上文已详细介绍,本节只对按实调整法进行简要说明。

按实调整法是指:施工期内,因人工、材料、机械设备台班价格波动影响合同价格时,人工、材料、机械使用费按照国家或省(自治区、直辖市)建设行政管理部门、行业管理部门或其授权的工程造价管理机构发布的人工价格信息、材料、机械台班单价或机械使用费系数进行调整;需要进行价格调整的人工、材料、机械设备数量由监理人复核。监理人确认需调整的材料单价及数量,作为调整工程合同价格差额的依据,工程造价信息的来源以及价格调整的项目和系数可以在合同中约定。

第七节　完工结算

完工结算指承包单位按照合同规定的内容全部完成所承包的工程,并经质量验收合格,达到合同要求后,根据合同、计量签证、设计变更等资料,向项目法人进行的最终工程价款结算,又称竣工结算。经项目法人、监理工程师、施工单位三方签字认可的竣工结算书是核定某标段最终投资的技术经济文件。合同工程完工结算也是合同工程竣工验收前一项必须完成的工作。

一、完工结算的内涵

1.完工结算是指自工程开工至工程验收通过全过程所产生费用的综合,因此完工结算审核的重点为"核定量、核定价",包括工程量核算与工程单价、合价的核算,还有预付款、奖励、罚款等的核算。

2.完工结算是水利工程完工验收的一项必备条件。

3.工程量核算。

工程量核算依托于工程产品质量的全部合格,既要确保数据的准确性,避免漏算与重复计算,又要保障工程计量凭证文件的真实、有效、完整,核算文件应依照规范格式进行。

4.工程单价与合价审核。

各单项工程单价、合价应认真核算并与工程量清单一一对应;变更单价必须经由项目法人、承包人、监理人签认后才可作为最终计价依据。

二、承包人申报完工结算须具备的条件

1.合同范围内(包括变更)的工程项目已按要求施工完毕。

2.已完成分部工程施工质量评定。

3.本标段的变更、索赔已全部处理完毕。

4.经评定质量合格项目的最终工程量汇总表已经监理工程师、项目法人审查签认。

三、完工结算资料整编要求

合同工程完工具备完工结算编制条件后,承包人应及时向项目法人递交完工结算报告及完整的结算资料。结算资料包括:

1.施工发承包合同、经批准的专业分包合同、补充合同,招标投标文件。

2.工程竣工图或施工图、施工图会审记录,经批准的施工组织设计,以及设计变更、工程洽商和相关会议纪要。

3.经批准的开工、竣工报告或停工、复工报告。

4.已签认的最终工程量汇总表。

5.经项目法人、监理工程师批复同意的变更(索赔)报告及其全部支撑资料。

6.中间支付资料及影响工程造价的其他相关资料。

四、完工结算审核流程

1.监理工程师审核

工程项目具备完工结算条件时,承包人按合同及规程规范要求编制项目完工结算报告书(并附必要的支撑材料)并报监理工程师,监理工程师收到完工结算报告书后14天内按照相关文件(政策法规规范标准、合同等)审核完毕并出具完工结算审核意见,主要审核内容包括(不限于):

(1)检查项目是否已具备完工结算的条件。

(2)核查承包人上报的单位工程竣工图是否与设计技术图纸、现场实际相符。

(3)核实完工结算项目的质量验收情况。

(4)审核承包人上报的完工结算及其支撑资料的真实性、完整性。

(5)复核已审批的变更索赔项目,保证工程量计算准确,变更单价审核无误,支撑材料完整齐全。

(6)审核工程量计量和计价的准确性。

(7)审核完工结算合同总价,项目法人已支付承包人的工程价款,项目法人应支付的完工付款金额,项目法人应扣留的质保金,项目法人应扣留的其他金额。

(8)修正过程结算(包括变更索赔处理)中的错误,并将最终结果写入审核意见。

2.项目法人审查

项目法人在收到监理工程师出具的审核意见后,按照职责分工由合同管理部门牵头、技术管理等其他部门配合进行完工结算审查。

(1)合同管理部负责牵头组织完工结算审查,重点审查内容有:

1)检查项目是否已具备完工结算的条件,完工工程内容是否符合施工合同要求。

2)工程结算量价是否符合合同规定,工程量计算是否准确。

3)合同变更价款的计算是否真实、准确,材料价差计算是否正确。

4)复核已审批的变更、索赔项目,变更单价审核无误,支撑材料完整齐全。

5)审核承包人上报的完工结算及其支撑资料的真实性、完整性。

6)审核完工结算合同总价,项目法人已支付承包人的工程价款,项目法人应支付的完工付款金额,项目法人应扣留的质保金,项目法人应扣留的其他金额。

7)修正过程结算(包括变更索赔处理)中的错误,并将最终结果写入审核意见。

(2)工程技术部组织建设管理部等核查承包人上报的单位工程竣工图是否与设计技术图纸、现场实际相符,相关项目是否已经完成中间验收。

五、完工结算审核要点

1.签证文件审核

签证文件是在施工全过程中形成的记录性文件,主要有开仓证、隐蔽工程验收记录、放样及测量记录、联系单、计量单及其支撑资料、设计变更通知等。它们是工程量统计核算的基础,应着重审核以下几点:

(1)签证资料是否前后矛盾。

(2)签证资料的正式性,比如核对同一人的签名笔迹,断面测量记录中是否有过多修改、删除,测量控制点是否有抬高或降低等。

(3)签证资料是否重复记录。如泵房以建筑面积为单位进行工程量签证,而计量单中泵房基础又以“m”为单位另行申报。

(4)不该签证的项目是否盲目签证。从招标投标文件及施工合同出发认真审查工程现场签证的工作内容是否已包含在投标价格内,对不明确的费用合同条款是否有明确的规定。

(5)签证内容、项目要清楚,只有金额没有具体的工作内容和数量、手续不完备的签证,不能作为工程结算的凭证。

2.工程量的审核

签证文件提供了计算工程量的尺寸数据来源,工程量是结算的基础,它的正确与否直接影响结算的准确性。

(1)审核计算工程量

根据签证文件对所有施工项目的工程量进行汇总和计算,主要审查工程量是否有漏算、重算和错算,审查要抓住重点详细计算和核对。

(2)确认可支付工程量

工程量审核完毕后并不意味着只要工程量准确无误就可以进行结算支付,可支付工程量必须同时满足下述三个条件:

1)内容上,它必须是工程量清单中所列的、工程变更包含的或监理工程师(或项目法人)专门予以批准的项目。

2)质量上,必须是已经通过检验,质量合格项目的工程量。

3)数量上,必须是按合同规定的计量规则和方法所确定的工程量。

另外,可支付工程量根据其内容属性,可以分为合同内工程量和合同外工程量。合同内工程量主要是指工程量清单中所列的或合同中隐含而清单中未列出的;合同外工程量主要指工程变更包含的或监理工程师专门予以批准的项目。合同内工程量对照工程量清单中所列的项目,将确认的可支付工程量逐一核对、录入,即可完成合同内工程量的审核;合同外工程量要逐一核对计量依据,确认其施工内容是否得到专门的批准,签证是否齐全。特别是设计变更签证的落实,设计变更应由原设计单位出具设计变更通知单和修改图纸,设计、校审人员应签字并加盖公章,并经项目法人、监理工程师审查同意,重大设计变更应经原审批部门审批,对不符合变更手续要求的不能列入结算。

3.工程计价的审核

水利工程施工合同大多签订的是单价合同,工程计价审核注意以下几点。

(1)严格执行合同单价

一般情况下,施工期限在1年左右的水利工程,通常不考虑价格调整问题,人工、设备、材料等价格上涨风险全部由施工单位承担。

(2)合同价格的调整

大型水利工程由于施工条件复杂项目繁多、工期较长,为保证施工单位和项目法人的合法权益,一般在合同条款中都规定了价格调差的方法,合同价格调整应注意以下事项:

1)当发生或可能发生导致合同价格调整的任何事件时,施工单位应及时申报。

2)施工单位应保存合同价格调整前必需的账簿、账单及其他计价文件和记录,并在计价审核人员提出要求时能够提供所有信息。

3)对任何时候施工单位一方出现违约或玩忽职守等情况而导致价格费用增加时,将不予考虑价格调整。

(3)工程量清单中工程量增减变化引起的合同单价修正

水利工程招标时工程量清单中的工程量属估算工程量，而结算工程址是根据实际确认的可支付工程量，结算工程量与估算工程量相比往往存在增减差异。施工单位在投标过程中经常出现不平衡报价现象，对可能变更增加工程量的项目报高价，对可能变更减少或取消的项目报低价。为保障合同双方当事人的利益，《水利水电工程标准施工招标文件》专用合同条款中专门列出了“增加或减少合同中关键项目的工程量超过其工程总量的___%，关键项目___，单价调整方式___”，应按照合同约定进行调整。

第八节 合同档案管理

合同档案是指在合同签订前、合同签订过程中、合同执行过程中形成的具有保存和利用价值的各类文件资料，做好合同档案资料的收集、整理归档使用对提高合同管理水平及促进工程建设具有重要意义。

一、合同档案的基本特征

1.法律性

法律性是合同档案的基本特征。也是区别于其他档案的标志之一。合同作为记录了企业经济活动和维护企业法律权益的文件，也只有在具备法律特性的前提下，才能发挥应有的作用。

2.凭证性

合同作为企业生产经营活动的真实记录，对企业在相应合同执行过程中应尽的义务和拥有的权利进行了明确说明，在解决经济纠纷，维护自身合法权益方面发挥着重要的凭证作用，从而可以避免不必要的损失。

3.规范性

规范性是企业合同发挥法律效力的必要条件，合同档案的规范性主要体现在两方面：一是合同档案内容的规范性，合同法明确了合同必须具备的要件，国家相关部门还发布有相关合同的范本，只有相关条件符合法律规定，才能最大程度地保障合同双方的利益。二是合同档案管理的规范性。合同档案在管理过程中，如果出现损坏或缺失都会影响其法律效力的发挥。

4.时效性

时效是一个法律术语，指时间在法律上的效力，时间本身就是一种法律事实，能够引起一定的法律后果。民法总则和合同法等法律在合同的要约、承诺、履行及争议解决各个不同阶段内合同的效力，以及当事人各种权利、义务的存在与消灭等均有所规定，时效性特征贯穿于合同的始终。

5. 繁杂性

企业每年都会产生大量的合同，每份合同所需要收集的资料过程长、类型多。如合同签订的洽谈、招标投标、评标报告、会议记录等。

二、合同资料形成基本要求

1. 规范性

作为具有法律性的合同档案资料，其基本规范性要求包括：

(1)法人代表或其授权委托人签字。

(2)加盖单位法人印章。

(3)使用黑色等不宜去色的墨水签字。

(4)签字的同时签署日期。

(5)合同正本必须加盖骑缝章。

(6)手写修改的位置必须加盖双方印章。

(7)信息系统中签批的电子文件打印纸质版归档的，要在备注中注明系统阐述。

2. 完整性

合同必须完整，除合同正本外，列入合同目录中的相关附件也是合同不可或缺的部分，必须与合同正本同时归档。

三、合同档案归档范围及收集整理

1. 合同档案归档范围

(1)合同签订前期文件。主要包括立项及审批文件、资格预审文件，询价(或招标)文件、报价(或投标)文件、评标过程资料、谈判会议记录(含会议纪要、来往两件、谈判中的临时协议等)等。

(2)合同签订及生效相关文件。主要包括中标通知书合同正式文本及附件、补充协议、授权委托书、履约保函等。

(3)合同执行相关文件。主要包括工程量计量资料、结算资料、变更单价及其支持资料、索赔及其支持资料、会议纪要及来往信函、相关技术文件等。

2. 合同档案资料的收集整理

(1)签约单位选择办理人员负责前期及签约过程合同档案资料的收集整理，合同经办人员负责合同执行过程中的资料收集整理。档案管理人员负责资料移交后的档案管理。

(2)资料整编应编制目录，移交时签字确认。

四、加强合同档案管理的主要措施

1.重视合同档案资料管理工作，制定印发合同档案资料管理制度。

2.加强教育培训，将合同文件管理归档要求及归档范围对合同管理人员进行宣贯。

3.加强考核管理，将合同档案资料归档的及时性及整编质量与个人考核挂钩。

4.加强档案资料入库检查，杜绝不合格档案入库，检查重点包括：

(1)核对档案目录，保证目录、资料齐全对应。

(2)页码检查，可以检查出组卷和著录过程中存在的问题，例如文件编排不合理、分卷不合理或者著录内容存在错误等。

(3)背脊、标签、卷内目录对照检查。确保背脊标签、封面标签、卷内目录、备考表和实体的一致性，以及打号、扫描、装订过程中可能出现的问题。

5.档案管理部门建立一套合同档案材料移交归档的跟踪检查流程，档案管理人员将合同前期资料、合同文本、合同执行资料归档的计划日期填入归档跟踪系统中，及时跟踪提醒。

6.加强合同档案电子化建设，建立分级授权的网络查询使用机制，在保护商业秘密的同时提高合同档案资料使用效率。

7.统计管理

统计是将信息统括起来进行计算之意，是对数据进行定量处理的理论与技术；统计分析是对收集到的有关数据资料进行整理归类并进行解释的过程，是统计工作中统计设计、资料收集、整理汇总、统计分析信息反馈五个阶段中最关键的一步。合同管理部门应建立并管理合同台账、结算台账、变更(索赔)台账，并在相关台账之间建立链接，保证数据同步更新，相关台账应与项目管理预算相对应，有条件最好能建立合同管理信息系统协助统计核算。

统计台账的建立、管理应满足以下需求：

(1)已经签订的合同、已经处理的变更(索赔)完整清晰，数据准确。

(2)能实时反映各合同结算金额，包括月、年度以及累计结算情况。

(3)能实时反映各合同累计结算金额并与项目管理预算相对照，可清晰反映项目管理预算执行情况。

(4)能为工程结算及统计分析提供支撑。

第九节　统计管理

统计是将信息统括起来进行计算之意，是对数据进行定量处理的理论与技术；统计分析是对收集到的有关数据资料进行整理归类并进行解释的过程，是统计工作中统计设计、资料收集、整理汇总、统计分析信息反馈五个阶段中最关键的一步。合同管理部门应建立并管理合同台账、结算台账、变更(索赔)台账，并在相关台账之间建立链接，保证数据同步更新，相关台账应与项目管理预算相对应，有条件最好能建立合同管理信息系统协助统计核算。

一、统计台账的建立管理应满足以下需求

1. 已经签订的合同、已经处理的变更(索赔)完整清晰，数据准确。

2. 能实时反映各合同结算金额，包括月、年度以及累计结算情况。

3. 能实时反映各合同累计结算金额并与项目管理预算相对照，可清晰反映项目管理预算执行情况。

4. 能为工程结算及统计分析提供支撑。

二、常用统计样表

1. 合同台账(见表8-1)。

表8-1 合同台账(样表)

序号	合同名称	合同编号	合同余额	签约单位	签约日期	联系人	联系电话	备注
1								
2								

(2)变更台账(见表8-2)。

表8-2变更台账

<table>
<tr><td>合同名称</td><td colspan="2"></td><td>合同编号</td><td></td><td>合同金额</td><td></td><td>签约单位</td><td colspan="2"></td></tr>
<tr><td rowspan="2">序号</td><td rowspan="2">变更项目名称</td><td colspan="3">变更申请</td><td colspan="5">变价审批</td></tr>
<tr><td>承包人文号</td><td>监理文号</td><td>发包人纪要文号</td><td>承包人文号</td><td>监理文号</td><td>发包人纪要文号</td><td>变更金额</td><td>日期</td></tr>
<tr><td>1</td><td></td><td></td><td></td><td></td><td></td><td></td><td></td><td></td><td></td></tr>
<tr><td>2</td><td></td><td></td><td></td><td></td><td></td><td></td><td></td><td></td><td></td></tr>
<tr><td>3</td><td></td><td></td><td></td><td></td><td></td><td></td><td></td><td></td><td></td></tr>
</table>

三、水利工程建设管理中统计的作用

(一)对水利统计工作的要求

1.保证水利统计资料的准确性、系统性、及时性和科学性

准确性:在水利统计工作中,必须实事求是,如实地反映客观情况,保证统计资料的准确无误;系统性:水利统计收集的数字、数据和资料,必须系统、全面,切忌零碎和残缺不全;及时性:各级水利统计部门必须将水利统计工作经常化、制度化,及时提供水利统计资料;科学性:水利统计工作必须运用科学的标准、方法去搜集、整理和分析水利统计资料,使水利统计工作科学化。

2.水利统计必须受国家统计法规的约束

水利统计工作是国家统计工作的一部分,所以水利部门必须依照《统计法》和国家有关规定的要求,如实提供水利统计资料,不能虚报、瞒报、拒报,不得伪造、篡改。并且应按照全国统计工作现代化的要求,逐步实现水利统计的标准化和现代化。

3.充分发挥水利统计的服务和监督作用

水利统计是领导机关和水利行业管理部门制定水利工作方针、政策、计划及做出决策不可缺少的依据之一。为此,水利统计工作应当加强对水利统计资料的加工整理和分析研究,从中发现问题并提出咨询意见,进行服务和监督,不断提高水利统计管理水平和效益。

(二)水利基建统计存在的问题

1.统计人员知识不够全面

水利基建统计工作是一项综合性较强且繁重的工作,它不仅需要工作人员具备统计专业知识,同时还需要了解水利工程施工、水利工程造价、计算机应用、财务等相关的专业知识。因各种原因而造成的统计人员知识不够全面、不能较好地完成数据搜集、整理、分析、上报和统计成果的再分析再利用。

2.统计成果不能充分发挥作用

水利工程建设项目在实施过程中,建设单位都设置了统计岗位,但却得不到重视。目前基层统计工作存在一个误区,就是统计工作只是为了完成上级部门安排的工作而已,单位领导认真负责,工作人员勤勤恳恳,花费了大量的人力、物力,而所有的工作付出没能充分发挥统计工作的作用。认为将上级单位及部门需要的报表填报完成即好,没有其他的作用,其实统计工作是非常有效实用的建设管理工具,我们应该按照本单位水利工程建设管理模式将统计资料进行再分析,把统计成果运用到工程建设管理当中,指导、监督我们的建设管理工作。

3.统计质量需进一步提高

水利基建统计数据中的基础数据,在编制年报时是采用历史数据加当年数据而

成，但由于一些基层单位统计台帐、原始记录不全，历史资料混乱，工作人员更换频繁，工作交接不清等原因造成统计报表不准确。另外，对待统计工作不够严谨，也是造成统计误差的原因。在基础数据采集过程中没有统计标准及格式，比如在采集各标段“完成工程量”时，统计人员没有统一格式、上报方式及上报单位，造成各标段有的是施工单位报送、有的是现场施工管理人员报送、有的是监理工程师报送，有的采用电子邮件、有的采用纸介质、有的采用电话等，最终造成采集的信息误差大而不能使用。

4.各部门统计分工模糊

水利的综合统计与各个业务部门统计之间分工模糊，这种不统一导致统计结果存在多样性，如今每一个业务部门甚至单个的项目都有独立的指标体系和统计报表，而这些均没有经过相关部门的审查和批准，指标的重复率情况严重，且其制定的数据采集方法，不符合《中华人民共和国统计法》的“统计调查项目应当明确分工，互相衔接，不得重复”。统计数据的不统一直接影响了数据的质量和真实性。

5.水利统计指标的设置存在漏洞

经过多年对水利统计工作的不断加强，有些指标程序过于繁琐、有些指标长期使用已经不实用；有些指标的收集已经超出水利部门管理的范畴，无法保证数据的准确性和时效性；甚至有些指标是可有可无的形式指标。这些存在的问题给统计工作带来巨大的困难，统计人员工作强度大，无法保证数据质量，可利用信息资源量低等诸多缺陷。

6.高素质统计人才缺乏

通过对本行业的了解，发现水利统计工作人员整体素质普遍有待提高。有的统计人员态度不踏实，认为一些水利数据指标如水资源量、开采量等只是看不到的数量，而且很难核对是否准确，对上级布置的任务缺乏深入实际计算和了解，也没有进行对比分析，甚至估计一些统计数据，交差时也是敷衍了事，责任感不强。也有一部分水利统计人员虽然思想比较端正，但是专业知识掌握不足，对相关的统计法、统计制度没有深刻理解，不能准确地收集处理相关数据，没有掌握先进的统计方法，统计效率低下。总之，目前来看，统计工作十分缺乏高素质的专业型统计人才。

第九章 水利工程建设项目施工管理

水利工程是关系民生的一项工程，在施工时的管理对工程建设有着重要的影响，因此本章就对水利工程建设项目施工管理展开讲述。

第一节 施工现场组织与管理

一、搞好施工现场管理首先要做好现场的起点建设

1.提早介入、认真规划、合理设计落实现场施工方案。工程开工前要根据工程实际情况编制详细的施工组织设计，并将企业技术主管部门批准的单位工程施工组织设计报送监理工程师审核。对于重大或关键部位的施工，以及新技术新材料的使用，要提前一周提出具体的施工方案施工技术保证措施，以及新技术新材料试验，鉴定证明材料呈报监理主管工程师审批。

2.精选施工现场起点建设所需材料。以施工现场起点建设所需材料进行选择，这一环节至关重要。如果材料选择不合适，就会给以后的安全文明施工管理带来无穷的后患。拿施工现场临时用电所需用的配电箱电缆来说，坚决不能贪图小利购买不合格产品。在现场管理中，各个建筑施工企业应该从企业实际和工作环境情况出发，制定一系列切实可行的规章制度来规范各种行为。使现场管理的每个方面都能做到有据可依，有章可循。

二、建筑企业施工现场安全控制

在施工现场中的安全控制，要强调一个“严”字，主抓一个“细”字。通过识别和控制施工过程，达到预防和消除事故，防止或消除事故的伤害，是施工安全管理的根本目标。对生产中的人不安全行为和物的不安全状态的控制，必须列入过程控制管理的节点。要做好施工项目的安全过程控制管理，必须做到六个坚持。

1.要坚持管生产同时管安全

安全寓于生产之中，并对生产发挥着促进与保证作用，因此，安全与生产虽有时

会出现矛盾，但从安全、生产管理的目标，表现出高度的一致和安全的统。

2.要坚持目标管理

安全管理的内容是对生主中的人、物、环境因素状态的管理，在有效的控制人的不安全行为和物的不安全状态，消除或避免事故，达到保护劳动者的安全与健康的目标。

3.坚持预防为主

安全生产的方针是“安全第一、预防为主”，安全第一是从保护生产力的角度和高度，表明在生产范围内，安全与生产的关系，肯定安全在生产活动中的位置和重要性。预防为主，首先是端正对生产中不安全检查因素的认识和消除不安全因素的态度，选准消除不安全因素的时机。

4.坚持全员管理

安全管理不是少数人和安全机构的事，而是一切与生产有关的机构、人员共同的事，缺乏全员的参与，安全管理不会有生气、不会出现好的管理效果。

5.坚持持续改进

安全管理是在变化着的生产经营活动中的管理，是一种动态管理。其管理就意味着是不断改进发展的、不断变化的，以适应变化的生产活动，消除新的危险因素。需要不间断地摸索新的规律，总结控制的办法与经验，指导新的变化后的管理，从而不断提高安全管理水平。

6.坚持文明施工与环境保护

施工区及环境区的环境卫生管理，从施工组织设计或施工方案中，要有完善的文明施工方案，包括有健全的施工指挥系统和岗位责任制度，工序衔接交叉合理，交接责任明确；工地的安全文明施工管理水平是该工地乃至所在企业的各项管理工作水平的综合体现，通过以上措施，能将施工项目的安全管理工作上一个新台阶。

三、不断优化施工现场管理

优化施工现场管理的主要内容为施工作业管理、物资流通管理、施工质量管理以及现场整体管理的诊断和岗位责任制的职责落实等。通过对上述施工现场的主要管理内容的优化，来实现我们的优化目标。优化施工现场管理的主要途径：

1.以人为中心，优化施工现场全员素质。优化施工现场的根本就在于坚持以人为中心的科学管理，千方百计地调动激发全员的积极性、主动性和责任感，充分发挥其加强现场管理的主体作用，重视员工思想素质和技术素质的提高。

2.以班组为重点，优化企业现场管理组织。班组是建筑企业现场施工管理的保证。班组活动范围在现场，工作对象也在现场，所以我们要加强现场管理各项工作就无例外地需要班组来实施。

3.以技术经济指标为突破口，优化施工现场管理效益。质量和成本是企业生命，任何时候市场都会只钟情于质优价廉的产品，而这些需要严格现场管理来保证；否则，企业将难以开拓新的市场，从而影响市场占有率和经济效益。

四、切实抓好施工现场质量控制

1.严格按施工程序施工

所有隐蔽工程记录，必须经监理工程师等有关验收单位签字认可，方可组织下道工序施工。对影响工程质量的关键部位设质量管理点，并设专人负责。工程施工过程中，除按质量标准规定的检查内容进行严格检查外，在重点工序施工前，必须对关键的检查项目进行严格的复核，严格按照工程程序施工。

2.坚持“三检”制度

即每道工序完后，首先由作业班组提出自检，再由施工员项目经理组织有关施工人员、质检员、技术员进行互检和交接检。

3.建立高效灵敏的质量信息反馈系统

以专职质检员、技术人员作为信息中心，负责搜集、整理和传递质量动态信息给决策机构（项目经理部）。决策机构对异常情况信息迅速做出反应，并将新的指令信息传递给执行机构，调整施工部署，纠正偏差。形成一个反应迅速、畅通无阻的封闭式信息网。现场质检员要及时搜集班组的质量信息，按照单纯随机抽样法、分层随机抽样法、整群随机提样法客观地提取产品的质量数据，为决策提供可靠依据。并采用质量预控法中的因果分析图、质量对策表开展质量统计分析。

第二节　施工前准备工作

一、施工准备概述

现代企业管理的理论认为，企业管理的重点是生产经营，而生产经营的核心是决策。工程项目施工准备工作是生产经营管理的重要组成部分，是对拟建工程目标、资源供应、施工方案的选择，及空间布置和时间排列等诸多方面进行的施工决策。

基本建设时人们创造物质财富的重要途径，是中国国民经济的主要支柱之一。基本建设工程项目总的程序是按照计划、设计和施工三个阶段进行。施工阶段又分为施工准备、土建施工、设备安装交工验收阶段。

由此可见，施工准备工作的基本任务是为拟建工程的施工建立必要的技术和物质条件，统筹安排施工力量和施工现场。施工准备工作也是企业搞好目标管理，推行技术经济承包的重要依据。同时施工准备工作还是土建施工和设备安装顺利进行的根本保证。

实践证明,凡是重视施工准备工作,积极为拟建工程创造一切施工条件,其工程的施工就会顺利地进行;凡是不重视施工准备工作,就会给工程的施工带来麻烦和损失,甚至给工程施工带来灾难,其后果不堪设想。凡事“预则立,不预则废”,充分说明了准备工作在事物整个运行过程中的重要性。水利水电工程施工因水利水电工程本身的原因,其施工准备工作在整个项目建设中显得尤为重要,施工准备工作的质量影响了整个项目建设的水平。

不仅在拟建工程开工之前要做好施工准备工作,而且随着工程施工的进展,在各施工阶段开工之前也要做好施工准备工作。施工准备工作既要有阶段性,又要有连贯性,因此施工准备工作必须有计划、有步骤、分期分阶段地进行,要贯穿拟建工程整个建造过程的始终。水利水电建设项目施工准备工作主要内容包括:调查研究与收集、技术资料的准备、施工现场的准备、物质及劳动力的准备、冬雨季施工的准备。

二、施工原始资料的收集

工程施工设计的单位多、内容广、情况多变、问题复杂。编制施工组织设计的人员对建设地区的技术经济条件、厂址特征和社会情况等,往往不太熟悉,特别是建筑工程的施工在很大程度上要受当地技术经济条件的影响和约束。

因此,编制出一个符合实际情况、切实可行、质量较高的施工组织设计,就必须做好调查研究,了解实际情况,熟悉当地条件,收集原始资料和参考资料,掌握充分的信息,特别是定额信息及建设单位、设计单位、施工单位的有关信息。

1.原始资料的调查

原始资料的调查工作应有计划、有目的地进行,事先要拟订明确详细的调查提纲。调查的范围、内容、要求等,应根据拟建工程的规模、性质、复杂程度、工期以及对当地熟悉了解程度而定。到新的地区施工,调查了解、收集资料应全面、细致一些。

首先应向建设单位、勘察设计单位收集工程资料。如工程设计任务书,工程地质、水文勘察资料,地形测量图,初步设计或扩大初步设计以及工程规划资料,工程规模、性质、建筑面积、投资等资料。

其次是向当地气象台(站)调查有关气象资料,向当地有关部门、单位收集当地政府的有关规定及建设工程的提示,以及有关协议书,了解社会协议书,了解劳动力、运输能力和地方建筑材料的生产能力。

通过对以上原始材料的调查,做到心中有数,为编制施工组织设计提供充分的资料和依据。原始资料的调查包括技术经济资料的调查、建设场址的勘察和社会资料的调查。

(1)技术经济资料调查

主要包括建设地区的能源、交通、材料、半成品及成品货源、价格等内容，作为选择施工方法和确定费用的依据。

建设地区的能源调查：能源一般是指水源、电源、气源等。能源资料可向当地城建、电力、电话（报）局建设单位等进行调查，主要用作选择施工用临时供水、供电和供气的方式，提供经济分析比较的依据。

建设地区的交通调查：交通运输方式一般有铁路、公路、水路、航空等，交通资料可向当地铁路、交通运输和民航等管理局的业务部门进行调查，主要作用组织施工运输业务、选择运输方式、提供经济分析比较的依据。

主要材料的调查：内容包括三大材料（钢材、木材和水泥）、特殊材料和主要设备。这些资料一般向当地工程造价管理站及有关材料、设备供应部门进行调查，作为确定材料供应、储存和设备订货、租赁的依据。

半成品及成品的调查：内容包括地方资源和建筑企业的情况。这些资料一般向当地计划、经济及建筑等管理部门进行调查，可用作确定材料、构配件、制品等货源的加工供应方式、运输计划和规划临时设施。

（2）建设场地勘察

主要是了解建设地点的地形、地貌、水文、气象以及场址周围环境和障碍物情况等，可作为确定施工方法和技术措施的依据。

地形、地貌的检查：内容包括工程的建设规划图、区域地形图、工程位置地形图，水准点、控制桩的位置，现场地形、地貌特征，勘察高程及高差等。对地形简单的施工现场，一般采用目测和步测；对场地地形复杂的施工现场，可用测量仪器进行观测，也可向规划部门、建设单位、勘察单位等进行调查。这些资料可作为设计施工平面图的依据。

工程地质及水文地质的调查：工程地质包括地层构造、土层的类别及厚度、土的性质，承载力及地震级别等。水文地质包括地下水的质量，含水层的厚度，地下水的流向、流量、流速、最高和最低水位等。这些内容的调查，主要是采取观察的方法，如直接观察附近的土坑、沟道的断层，附近建筑物的地基情况，地面排水方向和地下水的汇集情况；钻孔观察地层构造、土的性质及类别、地下水的最高和最低水位。还可向建设单位、设计单位、勘察单位等进行调查，作为选择基础施工方法的依据。

气象资料的调查：气象资料主要指气温（包括全年、各月平均温度，最高与最低温度，5℃及0℃以下天数、日期）、雨情（包括雨期起止时间，年、月降水量，日最大降水量等）和风情（包括全年主导风向频率、大于八级风的天数及日期）等资料。向当地气象部门进行调查，可作为确定冬、雨期施工的依据。

周围环境及障碍物的调查：内容包括施工区城有建筑物、构筑物、沟渠、水井、树木、土堆、电力架空线路、地下沟道、人防工程、上下水管道、埋地电缆、煤气及天然气管道、地下杂填坑、枯井等。这些资料要通过实地踏勘，并向建设单位、设计单位等调查取得，可作为布置现场施工平面的依据。

(3)社会资料调查

主要包括建设地区的政治、经济、文化、科技、风土、民俗等内容。其中社会劳动力和生活设施、参加施工各单位情况的调查资料，可作为安排劳动力、布置临时设施和确定施工力量的依据。

2.参考资料的收集

在编制施工组织设计时，为弥补原始资料的不足，还要借助一些相关的参考资料作为依据。这些参考资料可利用现有的施工定额、施工手册、建筑施工常用数据手册、施工组织设计实例或平时施工的实践经验获得。

第三节 施工成本管理

一、施工项目成本控制的基本方法

在施工项目成本控制过程中，因为一些因素的影响会发生一定的偏差，所以应采取相应的措施、方法进行纠偏。

1.施工项目成本控制的原则

(1)以收定支的原则。

(2)全面控制的原则。

(3)动态性原则。

(4)目标管理原则。

(5)例外性原则。

(6)责、权、利、效相结合的原则。

2.施工项目成本控制的依据

(1)工程承包合同。

(2)施工进度计划。

(3)施工项目成本计划。

(4)各种变更资料。

3.施工项目成本控制步骤

(1)比较施工项目成本计划与实际的差值，确定是节约还是超支。

(2)分析节约还是超支的原因。

(3)预测整个项目的施工成本，为决策提供依据。

(4)施工项目成本计划在执行的过程中出现偏差，采取相应的措施加以纠正。

（5）检查成本完成情况，为今后的工作积累经验。

4.施工项目成本控制的手段

（1）计划控制

计划控制是用计划的手段对施工项目成本进行控制。施工项目成本预测和决策为成本计划的编制提供依据。编制成本计划首先要设计降低成本技术组织措施，然后编制降低成本计划，将承包成本额降低而形成计划成本，成为施工过程中成本控制的标准。

成本计划编制方法有以下两种：

1）常用方法

在概预算编制能力较强，定额比较完备的情况下，特别是施工图预算与施工预算编制经验比较丰富的企业，施工项目成本目标可由定额估算法产生。施工图预算反映的是完成施工项目任务所需的直接成本和间接成本，它是招标投标中编制标底的依据，也是施工项目考核经营成果的基础。施工预算是施工项目经理部根据施工定额制定的，作为内部经济核算的依据。

过去，通常以两算（概算、预算）对比差额与技术措施带来的节约额来估算计划成本的降低额，其计算公式为：

计划成本降低额=两算对比差额+技术措施节约额

2）计划成本法

施工项目成本计划中计划成本的编制方法通常有以下几种：

①施工预算法

计算公式为

计划成本=施工预算成本-技术措施节约额

②技术措施法

计算公式为

计划成本=施工图预算成本-技术措施节约额

③成本习性法

计算公式为

计划成本=施工项目变动成本+施工项目固定成本

3）按实计算法：施工项目部以该项目的施工图预算的各种消耗量为依据，结合成本计划降低目标，由各职能部门结合本部门的实际情况，分别计算各部门的计划成本，最后汇总项目的总计划成本。

（2）预算控制

预算控制是在施工前根据一定的标准（如定额）或者要求（如利润）计算的买卖（交易）价格，在市场经济中也可以叫作估算或承包价格。它作为一种收入的最高限额，减去预期利润，便是工程预算成本数额，也可以用来作为成本控制的标准。用预算控制成本可分为两种类型：一是包干预算，即一次性包死预算总额，不论中间有何变化，成本总额不予调整；二是弹性预算，即先确定包干总额，但是可根据工程的变化进行商洽，作出相应的变动。我国目前大部分是弹性预算控制。

(3)会计控制

会计控制是指以会计方法为手段，以记录实际发生的经济业务及证明经济业务的合法凭证为依据，对成本的支出进行核算与监督，从而发挥成本控制作用。会计控制方法系统性强、严格、具体、计算准确、政策性强，是理想的也是必需的成本控制方法。

(4)制度控制

制度是对例行活动应遵行的方法、程序、要求及标准作出的规定。成本的控制制度就是通过制定成本管理的制度，对成本控制作出具体的规定，作为行动的准则，约束管理人员和工人，达到控制成本的目的。如成本管理责任制度、技术组织措施制度、成本管理制度、定额管理制度、材料管理制度、劳动工资管理制度、固定资产管理制度等，都与成本控制关系非常密切。在施工项目成本管理中，上述手段应同时进行并综合使用，不应孤立地使用某一种控制手段。

5.施工项目成本的常用控制方法

(1)偏差分析法

在施工成本控制中，把已完工程成本的实际值与计划值的差异称为施工项目成分偏差，即施工项目成本偏差=已完工程实际成本-已完工程计划成本

若计算结果为正数，表示施工项目成本超支；否则，为节约。

该方法为事后控制的一种方法，也可以说是成本分析的一种方法。

(2)以施工图预算控制成本

采用此法时，要认真分析企业实际的管理水平与定额水平之间的差异，否则达不到控制成本的目的。

1)人工费控制

项目经理与施工作业队签订劳动合同时，应该将人工费单价定得低一些，其余的部分可以用于定额外人工费和关键工序的奖励费。这样，人工费就不会超支，而且还留有余地，以备关键工序之需。

2)材料费的控制

按“量价分离”方法计算工程造价的条件下，水泥、钢材、木材的价格由市场价格而定，实行高进高出，即地方材料的预算价格=基准价×(1+材差系数)。由于材料价格随市场价格变动频繁，所以项目材料管理人员必须经常关注材料市场价格的变动，并积累详细的市场信息。

3)周转设备使用费的控制

施工图预算中的周转设备使用费=耗用数×市场价格，而实际发生的周转设备使用费等于企业内部的租赁价格或摊销率，由于两者计算方法不同，只能以周转设备预算费的总量来控制实际发生的周转设备使用费的总量。

4)施工机械使用费的控制

施工图预算中的机械使用费=工程量×定额台班单价。由于施工项目的特殊性，实际的机械使用率不可能达到预算定额的取定水平；加上机械的折旧率又有较大的滞后性，往往使施工图预算的施工机械使用费小于实际发生的机械使用费。在这种情况下，就可以用施工图预算的机械使用费和增加的机械费补贴来控制机械费的支出。

5)构件加工费和分包工程费的控制

在市场经济条件下，混凝土构件、金属构件、木制品和成型钢筋的加工，以及相关的打桩吊装安装、装饰和其他专项工程的分包，都要以经济合同来明确双方的权利和义务。签订这些合同的时候绝不允许合同金额超过施工图预算。

(3)以施工预算控制成本消耗

以施工过程中的各种消耗量，包括人工工日、材料消耗、机械台班消耗量为控制依据，施工图预算所确定的消耗量为标准，人工单价、材料价格、机械台班单价按照承包合同所确定的单价为控制标准。该方法由于所选的定额是企业定额，它反映企业的实际情况，控制标准相对能够结合企业的实际，比较切实可行。具体的处理方法如下：

1)项目开工以前，编制整个工程项目的施工预算作为指导和管理施工的依据。

2)对生产班组的任务安排，必须签发施工任务单和限额领料单，并向生产班组进行技术交底。

3)任务单和限额领料单在执行过程中，要求生产班组根据实际完成的工程量和实际消耗人工、实际消耗材料做好原始记录，作为施工任务单和限额领料单结算的依据。

4)在任务完成后，根据回收的施工任务单和限额领料单进行结算，并按照结算内容支付报酬。

二、施工项目成本降低的措施

1.加强图纸会审，减少设计造成的浪费

施工单位应该在满足用户的要求和保证工程质量的前提下，联系项目施工的主、客观条件，对设计图纸进行认真的会审，并提出积极的修改意见，在取得用户和设计单位的同意后，修改设计图纸，同时办理增减账。

2.加强合同预算管理,增加工程预算收入

深入研究招标文件、合同文件,正确编写施工图预算;把合同规定的“开口”项目作为增加预算收入的重要方面;根据工程变更资料及时办理增减账。因此,项目承包方应就工程变更对既定施工方法、机械设备使用、材料供应、劳动力调配和工期目标影响程度,以及实施变更内容所需要的各种资料进行合理估价,及时办理增减账手续,并通过工程结算从建设单位取得补偿。

3.制订先进合理的施工方案,减少不必要的窝工等损失

施工方案不同,工期就不同,所需的机械也不同,因而发生的费用也不同。因此,制订施工方案要以合同工期和上级要求为依据,联系项目规模、性质、复杂程度、现场条件、装备情况、人员素质等因素综合考虑。

4.落实技术措施,组织均衡施工,保证施工质量,加快施工进度

(1)根据施工具体情况,合理规划施工现场平面布置(包括机械布置材料、构件的堆方场地,车辆进出施工现场的运输道路临时设施搭建数量和标准等),为文明施工、减少浪费创造条件。

(2)严格执行技术规范和预防为主的方针,确保工程质量,减少零星工程的修补,消灭质量事故,不断降低质量成本。

(3)根据工程设计特点和要求,运用自身的技术优势,采取有效的技术组织措施,实行经济与技术相结合的道路。

5.降低材料因为量差和价差所产生的材料成本

(1)材料采购和构件加工要求选择质优价廉、运距短的供应单位。对到场的材料、构件要正确计量,认真验收,若遇到不合格产品或用量不足要进行索赔。切实做到降低材料、构件的采购成本,减少采购加工过程中的管理损耗。

(2)根据项目施工的进度计划,及时组织材料、构件的供应,保证项目施工顺利进行,防止因停工造成的损失。在构件生产过程中,要按照施工顺序组织配套供应,以免因规格不齐造成施工间隙,浪费时间和人力。

(3)在施工过程中,严格按照限额领料制度,控制材料消耗,同时还要做好余料回收和利用工作,为考核材料的实际消耗水平提供正确的数据。

(4)根据施工需要,合理安排材料储备,降低资金占用率,提高资金利用效率。

6.提高机械的利用效果

(1)根据工程特点和施工方案,合理选择机械的型号、规格和数量。

(2)根据施工需要,合理安排机械施工,充分发挥机械的效能,减少机械使用成本。

(3)严格执行机械维修和养护制度,加强平时的维修保养,保证机械完好和在施工过程中运转良好。

7. 重视人的因素，加强激励职能的作用，调动职工的积极性

（1）对关键工序施工的关键班组要实行重奖。

（2）对材料操作损耗特别大的工序，可由生产班组直接承包。

（3）实行钢模零件和脚手架螺栓有偿回收。

（4）实行班组"落手清"承包。

第四节　施工质量管理

一、工程质量管理概述

（一）基本概念

1. 产品

过程是指一组将输入转化为输出的相互关联和相互作用的活动。通用的产品分四大类，即硬件、软件、流程性材料和服务。许多产品由不同类别的产品构成，服务、软件、硬件或流程性材料的区分取决于其主导成分。

2. 质量

质量是指一组固有特性，满足要求的程度。所谓固有的，是指在某事或某物中本来就有的，尤其是那种永久的特性。特性是指可区分的特征。特性可以是固有的或赋予的，也可以是定性的或定量的。特性又有不同的类别，如物理的（如机械的、电的、化学的或生物学的特性）、感官的（如嗅觉、触觉、味觉、视觉、听觉）、行为的（如礼貌、诚实、正直）、时间的（如准时性、可靠性、可用性）、人体工效的（如生理的特性或有关人身安全的特性）和功能的（如飞机的最高速度）。

所谓要求，是指明示的、通常隐含的或必须履行的需求或期望。"通常隐含"是指组织、顾客和其他相关方的惯例或一般做法，所考虑的需求或期望是不言而喻的。特定要求可使用修饰词表示，如产品要求、质量管理要求、顾客要求；规定要求是经明示的要求，如在文件中阐明要求可由不同的相关方（顾客、所有者、员工、供方、银行、工会、合作伙伴或社会）提出。当然，要求是随时间变化的。这是因为人们对质量的要求不可能停留在一个水平上，它要受社会、政治、经济、技术、文化等条件的制约。这个定义，既包括有形的产品，也包括无形的产品；既包括满足现在规定的标准，也包括满足用户潜在的需求；既包括产品的外在特征，又包括产品的内在特性。

3. 质量管理

质量管理是指在质量方面指挥和控制组织的协调活动。

任何组织都要从事经营并要承担社会责任，因此，每个组织都要考虑自身的经营目标。为了实现这个目标，组织会对各个方面实行管理，如行政管理、物料管理、人力

资源管理、财务管理、生产管理技术管理和质量管理等。实施并保持一个通过考虑的相关方需求，从而持续改进组织业绩有效性和效率的管理体系可使组织获得成功。质量管理是组织各项管理内容中的一项，质量管理应与其他管理相结合。

4.质量管理体系

体系指的是“相互关联或相互作用的一组要素”。其中的要素指构成体系或系统的基本单元。管理体系指的是“建立方针和目标并实现这些目标的体系”。管理体系的建立首先应针对管理体系的内容建立相应的方针和目标，然后为实现该方针和目标设计一组相互关联或相互作用的要素(基本单元)。

对质量管理体系而言，首先要建立质量方针和质量目标，然后为实现这些质量目标确定相关的过程、活动和资源以建立一个管理体系，并对该管理体系实行管理。质量管理体系主要在质量方面能帮助组织提供持续满足要求的产品，增进顾客和相关方的满意。

5.质量改进

质量改进是质量管理的一部分，致力于增强满足质量要求的能力。

6.不合格

不合格是指未满足要求。

7.缺陷

缺陷是指未满足与预期或规定用途有关的要求。

8.工程质量

工程质量是指工程产品满足社会和用户需要所具有的特征和特性的总和。其不仅包括工程本身的质量，还包括生产量交货期、成本和使用过程的服务质量，以及对环境和社会的影响等。

9.工序质量

工序质量是指生产过程中，人、机器、材料施工方法和环境等对施工作业技术和活动综合作用的过程，这个过程所体现的工程质量叫工序质量。

10.工作质量

工作质量是指反映满足明确和隐含需要能力的特性的总和。

(二)水利工程建设质量管理体系

水利水电工程建设项目，具有投资多、规模大、建设周期长、生产环节多、参与方多、影响质量形成的因素多等特点，不论哪个方面哪个环节出了问题，都会导致质量缺陷，甚至造成重大质量事故。水利建设工程质量管理最基本的原则和方法就是建立健全质量责任制，使有关各方对其自身的工作负责。影响水利建设工程质量的责任主体主要有建设单位、勘察设计单位、监理单位、施工单位等。

1.建设单位的质量检查体系

建设单位或项目法人，对于水利经营性项目是工程建设的投资人，对于公益性项目是政府部门的委托代理人，是工程项目建设的总负责方，拥有确定建设项目的规模、功能、外观、选用材料设备、按照国家法律法规规定选择承包单位、支付工程价款等权力，在工程建设各个环节负责综合管理工作，在整个建设活动中居于主导地位。要确保建设工程的质量，首先就要对建设单位的行为进行规范和约束，国家和水利部都对建设单位的质量责任做了明确的规定。另一方面，建设单位为了维护自己或政府部门的利益，保证工程建设质量，充分发挥投资效益，也需要建立自己的质量检在体系，成立质量检查机构，对工程建设的各个工序、隐蔽工程和各个建设阶段的工程质量进行检查、复核和认可。在已实行建设监理的工程项目中，业主已把这部分工作的全部或部分委托给监理单位来承担。但建设单位仍要对工程建设的质量进行检查和管理，以担负起建设工程质量的全面责任。

2. 监理单位的质量控制体系

监理单位，受建设单位委托，按照监理合同，对工程建设参与者的行为进行监控和督导。它以工程建设活动为对象，以政令法规、技术标准、设计文件、工程合同为依据，以规范建设行为，提高经济效益为目的。监理的过程既可以包括项目评估、决策的监理，又可以包括项目实施阶段和保修期的监理。其任务是从组织和管理的角度来采取措施，以期达到合理地投资控制、质量控制和进度控制。在水利工程项目建设实施阶段，监理单位依据监理合同的授权，进行进度、投资和质量控制。监理单位对工程质量的控制，要有一套完整的、严密的组织机构、工作制度、控制程序和方法，从而构成了工程建设项目质量控制体系，是我国水利工程质量管理体系中一个重要的组成部分，对强化工程质量管理工作，保证工程建设质量发挥着越来越重要的作用。

3. 勘察、设计单位的质量保证体系

工程项目勘察、设计是工程建设最重要的阶段。其质量的优劣，直接影响建设项目的功能和使用价值，关系到国民经济及社会的发展和人民生命财产的安全。只有勘察、设计的工作做好了，才能为保证整个工程建设质量奠定基础。否则，后续工作的质量做得再好，也会因勘察设计的“先天不足”而不能保证工程建设的最终质量。要想取得较好的勘察设计质量勘察设计单位就应顺应市场经济的发展要求，建立健全自己的质量保证体系，从组织上、制度上、工作程序和方法等方面来保证勘察设计质量，以此来赢得社会信誉，增强在市场经济中的竞争力。勘察设计单位，也只有通过建立为达到一定的质量目标而通过一定的规章制度、程序、方法、机构，把质量保证活动加以系统化、程序化标准化和制度化的质量保证体系，才能保证勘察设计成果质量，从而担负起勘察设计单位的质量责任。

4. 施工单位的质量保证体系

施工阶段是建设工程质量形成阶段，是工程质量控制的重点，勘察、设计的思想和方案都要在这一阶段得以实现。施工单位应建立和运用系统工程的观点与方法，以保证工程质量为目的，将企业内部的各部门、各环节的生产、经营、管理等活动严密协调地组织起来，明确他们在保证工程质量方面的任务、责任、权限、工作程序和方法，形成一个有机的、整体的质量保证体系，并采取必要的措施，使其有效运行，从而保证工程施工的质量。

5.政府质量监督体系

为了保证建设工程质量，保障公共安全，保护人民群众和生命财产安全，维护国家和人民群众的利益，政府必须加强建设工程质量的监督管理。国家对建设工程质量的监督管理主要是以保证建设工程使用安全和环境质量为主要目的，以法律、法规:和强制性标准为依据，以工程建设实物质量和有关的工程建设单位、勘察设计单位、监理单位及材料、配件和设备供应单位的质量行为为主要内容，以监督认可与质量核验为主要手段。政府质量监督体现的是国家的意志，工程项目接受政府质量监督的程度是由国家的强制力来保证的。政府质量监督并不局限于某一个阶段或某一个方面，而是贯穿于建设活动的全过程，并适用于建设单位、勘察设计单位、监理单位、施工单位及材料、配件和设备供应单位等。

二、水利工程质量管理的基本要求

（一）质量管理的主要内容

1.管理职责

水利部负责全国水利工程质量管理工作。各流域机构受水利部的委托负责本流程由流域机构管辖的水利工程的质量管理工作，指导地方水行政主管部门的质量管理工作。各省、自治区、直辖市水行政主管部门负责本行政区域内水利工程质量管理工作。

水利工程质量实行项目法人（建设单位）负责、监理单位控制、施工单位保证和政府监督相结合的质量管理体制。

水利工程质量由项目法人（建设单位）负全面责任。监理、施工、设计单位按照合同及有关规定对各自承担的工作负责。质量监督机构履行政府部门监督职能，不代替项目法人（建设单位）、监理，设计、施工单位的质量管理工作。水利工程建设各方均有责任和权利向有关部门和质量监督机构反映工程质量问题。

水利工程项目法人（建设单位）、监理、设计、施工等单位的负责人，对本单位的质量工作负领导责任。各单位在工程现场的项目负责人对本单位在工程现场的质量工作负直接领导责任。各单位的工程技术负责人对质量工作负技术责任。具体工作人员为直接责任人。

2.项目法人（建设单位）质量管理的主要内容

项目法人(建设单位)质量管理的主要内容是:

(1)项目法人(建设单位)要加强工程质量管理,建立健全施工质量检查体系,根据工程特点建立质量管理机构和质量管理制度。

(2)项目法人(建设单位)在工程开工前,应按规定向水利工程质量监督机构申请办理工程质量监督手续。在工程施工过程中,应主动接受质量监督机构对工程质量的监督检查。

(3)项目法人(建设单位)应组织设计和施工单位进行设计交底;施工中应对工程质量进行检查工程完工后,应及时组织有关单位进行工程质量验收、签证。

(4)项目法人应根据工程规模和工程特点,按照水利部有关规定,通过资格审查招标选择勘察设计、施工、监理单位并实行合同管理。在合同文件中,必须有工程质量条款,明确图纸、资料、工程、材料、设备等的质量标准及合同双方的质量责任。

3.监理单位质量管理的主要内容

监理单位必须持有水利部颁发的监理单位资格等级证书,依据核定的监理范围承担相应水利工程监理任务。监理单位必须接受水利工程质量监督单位对其监理资格、质量检查体系以及质量监理工作的监督检查。监理单位质量管理的主要内容是:监理单位必须严格执行国家法律、水利行业法规、技术标准,严格履行合同;监理单位根据所承担的监理任务向水利工程施工现场派出相应的监理机构,人员配备必须满足项目要求。监理工程师上岗必须持有水利部颁发的监理工程师岗位证书,一般监理人员上岗要经过岗前培训;监理单位应根据监理合同参与招标工作,从保证工程质量全面履行工程承建合同出发,签发施工图纸;审查施工单位的施工组织设计和技术措施;指导监督合同中有关质量标准、要求的实施;参加工程质量检查、工程质量事故调查处理和工程验收工作。

4.设计单位质量管理的主要内容

设计单位必须按其资质等级及业务范围承担相应水利工程设计任务。设计单位必须接受水利工程质量监督单位对其设计资质等级以及质量体系的监督检查。设计单位质量管理的主要内容是:

(1)必须建立健全设计质量保证体系,加强设计过程质量控制,健全设计文件的审核、会签批准制度,做好设计文件的技术交底工作。

(2)设计文件必须符合下列基本要求:设计文件应当符合国家、水利行业有关工程建设法规、工程勘测设计技术规程、标准和合同的要求。设计依据的基本资料应完整、准确、可靠,设计论证充分,计算成果可靠。设计文件的深度应满足相应设计阶段有关规定要求,设计质量必须满足工程质量,安全需要,并符合设计规范的要求。

(3)设计单位应按合同规定及时提供设计文件及施工图纸,在施工过程中要随时掌握施工现场情况,优化设计,解决有关设计问题。对大中型工程,设计单位应按合同规定在施工现场设立设计代表机构或派驻设计代表。

(4)设计单位应按水利部有关规定在阶段验收、单位工程验收和竣工验收中,对施工质量是否满足设计要求提出评价意见。

5.施工单位质量管理的主要内容

施工单位必须按其资质等级及业务范围承担相应水利工程施工任务。施工单位必须接受水利工程质量监督单位对其施工资质等级以及质量保证体系的监督检查。施工单位质量管理的主要内容是:

(1)施工单位必须依据国家、水利行业有关工程建设法规、技术规程、技术标准的规定以及设计文件和施工合同的要求进行施工,并对其施工的工程质量负责。

(2)施工单位不得将其承接的水利建设项目的主体工程进行转包。对工程的分包,分包单位必须具备相应资质等级,并对其分包工程的施工质量向总包单位负责,总包单位对全部工程质量向项目法人(建设单位)负责。

(3)施工单位要推行全面质量管理,建立健全质量保证体系,制定和完善岗位质量规范、质量责任及考核办法,落实质量责任制。在施工过程中要加强质量检验工作,认真执行"三检制",切实做好工程质量的全过程控制。

(4)工程发生质量事故,施工单位必须按照有关规定向监理单位,项目法人(建设单位)及有关部门报告,并保护好现场,接受工程质量事故调查,认真进行事故处理。

(5)竣工工程质量必须符合国家和水利行业现行的工程标准及设计文件要求,并应向项目法人(建设单位)提交完整的技术档案,试验成果及有关资料。

6.建筑材料、设备采购质量管理和工程保修的主要内容

(1)建筑材料、设备采购质量管理的主要内容

建筑材料和工程设备的质量由采购单位承担相应责任。凡进入施工现场的建筑材料和工程设备均应按有关规定进行检验。经检验不合格的产品不得用于工程。建筑材料或工程设备采购质量管理的主要内容是:建筑材料或工程设备有产品质量检验合格证明;建筑材料或工程设备有中文标明的产品名称、生产厂名和厂址;建筑材料或工程设备包装和商标式样符合国家有关规定和标准要求;工程设备应有产品详细的使用说明书,电气设备还应附有线路图;实施生产许可证或实行质量认证的产品,应当具有相应的许可证或认证证书。

(2)水利工程质量保修的主要内容

水利工程质量保修的主要内容是:水利工程保修期从工程移交证书写明的工程完工日起一般不少于1年。有特殊要求的工程,其保修期限在合同中规定;工程质量出现永久性缺陷的,承担责任的期限不受以上保修期限制;水利工程在规定的保修期内,出现工程质量问题,一般由原施工单位承担保修,所需费用由责任方承担。

7.罚则

水利工程发生重大工程质量事故，应严肃处理。对责任单位予以通报批评、降低资质等级或收缴资质证书；对责任人给予行政纪律处分，构成犯罪的，移交司法机关进行处理。

因水利工程质量事故造成人身伤亡及财产损失的，责任单位应按有关规定，给予受损方经济赔偿。

(1)项目法人(建设单位)有下列行为之一的，由其主管部门予以通报批评或其他纪律处理。

未按规定选择相应资质等级的勘测设计、施工、监理单位的；未按规定办理工程质量监督手续的；未按规定及时进行已完工程验收就进行下一阶段施工和未经竣工或阶段验收而将工程交付使用的；发生重大工程质量事故没有按有关规定及时向有关部门报告的。

(2)勘测设计、施工、监理单位有下列行为之一的，根据情节轻重，予以通报批评，降低资质等级直至收缴资质证书，经济处理按合同规定办理，触犯法律的，按国家有关法律处理。

无证或超越资质等级承接任务的；不接受水利工程质量监督机构监督的；设计文件不符合本规定第二十七条要求的；竣工交付使用的工程不符合本规定第三十五条要求的；未按规定实行质量保修的；使用未经检验或检验不合格的建筑材料和工程设备，或在工程施工中粗制滥造、偷工减料、伪造记录的；发生重大工程质量事故没有及时按有关规定向有关部门报告的；经水利工程质量监督机构核定工程质量等级为不合格或工程需加固或拆除的。

(二)质量监督的主要内容

在我国境内新建、扩建、改建、加固各类水利水电工程和城镇供水、滩涂时基等工程(以下简称水利工程)及其技术改造，包括配套与附属工程，均必须由水利工程质量监督机构负责质量监督。工程建设、监理、设计和施工单位在工程建设阶段，必须接受质量监督机构的监督。

1.监督依据

水行政主管部门主管质量监督工作。水利工程质量监督机构是水行政主管部门对工程质量进行监督管理的专职机构，对水利工程质量进行强制性的监督管理。工程质量监督的依据是：国家有关的法律、法规；水利水电行业有关技术规程、规范，质量标准；经批准的设计文件等。

2.机构与人员

(1)监督机构

水利部主管全国水利工程质量监督工作，水利工程质量监督机构按总站、中心站、站三级设置。

1)水利部设置全国水利工程质量监督总站,办事机构设在建管司。水利水电规划设计管理局设置水利工程设计质量监督分站,各流域机构设置流域水利工程质量监督分站作为总站的派出机构。

2)各省、自治区、直辖市水利(水电)厅(局),新疆生产建设兵团水利局设置水利工程质量监督中心站。

3)各地(市)水利(水电)局设置水利工程质量监督站。各级质量监督机构隶属于同级水行政主管部门,业务上接受上一级质量监督机构的指导。

水利工程质量监督项目站(组),是相应质量监督机构的派出单位。

(2)监督人员

各级质量监督机构的站长一般应由同级水行政主管部门主管工程建设的领导兼任,有条件的可配备相应级别的专职副站长。各级质量监督机构的正副站长由其主管部门任命,并报上一级质量监督机构备案。

各级质量监督机构应配备一定数量的专职质量监督员。质量监督员的数量由同级水行政主管部门根据工作需要和专业配套的原则确定。

水利工程质量监督员必须具备以下条件:取得工程师职称,或具有大专以上学历并有5年以上从事水利水电工程设计、施工、监理、咨询或建设管理工作的经历;坚持原则,秉公办事,认真执法,责任心强;经过培训并通过考核取得"水利工程质量监督员证"。

质量监督机构可聘任符合条件的工程技术人员作为工程项目的兼职质量监督员。为保证质量监督工作的公正性、权威性,凡从事该工程监理、设计、施工、设备制造的人员不得担任该工程的兼职质量监督员。

(3)监督资格

各质量监督分站、中心站、地(市)站和质量监督员必须经上一级质量监督机构考核、认证,取得合格证书后,方可从事质量监督工作。质量监督机构资质每四年复核一次,质量监督员证有效期为四年。

3.职责

水利工程按照分级管理的原则由相应水行政主管部门授权的质量监督机构实施质量监督。水利部主管全国水利工程质量监督工作,水利工程质量监督机构按总站、中心站、分站三级设置。

(1)监督总站职责

水利部设置全国水利工程质量监督总站,其主要职责是:贯彻执行国家和水利部有关工程建设质量管理的方针和政策;制订水利工程质量监督、检测有关规定和办法,并监督实施;归口管理全国水利工程质量监督工作,指导各分站、中心站的质量监督工作;对水利部直属重点工程组织实施质量监督,参加工程阶段验收和竣工验收;

监督有争议的重大工程质量事故的处理；掌握全国水利工程质量动态，组织交流全国水利工程质量监督工作经验，组织培训质量监督人员，开展全国水利工程质量检查活动。

(2)监督分站职责

水利水电规划设计管理局设置水利工程设计质量监督分站。水利工程设计质量监督分站接受总站委托承担的主要任务：归口管理全国水利工程的设计质量监督工作；负责设计全面管理工作；掌握全国水利工程的设计质量动态，定期向总站报告设计质量监督情况。

各流域机构设置水利工程质量监督分站作为总站的派出机构。其主要职责是：对本流域内总站委托监督的部属水利工程、国家与地方台资项目(监督方式由分站和中心站协商确定)、省(自治区、直辖市)界及国际边界河流上的水利工程实施监督；监督受监督水利工程质量事故的处理；参加受监督水利工程的阶段验收和竣工验收；掌握本流域水利工程质量动态，及时，上报质量监督工作中发现的重大问题，开展水利工程质量检查活动，组织交流本流域内的质量监督工作经验。

(3)中心站职责

各省、自治区、直辖市，新疆生产建设兵团设置水利工程质量监督中心站，其主要职责是：贯彻执行国家、水利部和省、自治区、直辖市有关工程建设质量管理的方针和政策；管理辖区内水利工程质量监督工作，指导本省、自治区、直辖市的市(地)质量监督站的质量监督工作；对辖区内除总站以及分站已经监督的水利工程外的其他水利工程实施质量监督；参加受监督工程阶段验收和竣工验收；掌握辖区内水利工程质量动态和质量监督情况，定期向总站报告，同时抄送流域分站；组织培训质量监督人员，开展水利工程质量检查活动，组织交流质量监督工作经验。

利工程建设项目质量监督方式以抽查为主。大型水利工程应设置项目站，中小型水利工程可根据需要建立质量监督项目站(组)，或进行巡回监督。从工程开工前办理质量监督手续始，到工程竣工验收委员会同意工程交付使用止，为水利工程建设项目的质量监督期(含合同质量保修期)。

各级质量监督机构的质量监督人员由专职质量监督员和兼职质量监督员组成。其中，兼职质量监督员为工程技术人员，凡从事该工程监理、设计、施工、设备制造的人员不得担任该工程的兼职质量监督员。

4.监督内容

工程质量监督的主要内容为：

(1)对监理、设计、施工和有关产品制作单位的资质进行复核。

(2)对建设、监理单位的质量检查体系和施工单位的质量保证体系以及设计单位现场服务等实施监督检查。

(3)对工程项目的单位工程、分部工程、单元工程的划分进行监督检查。

(4)监督检查技术规程、规范和质量标准的执行情况。

(5)检查施工单位和建设、监理单位对工程质量检验和质量评定情况。

(6)在工程竣工验收前,对工程质量进行等级核定,编制工程质量评定报告,并向工程竣工验收委员会提出工程质量等级的建议。

5.监督权限

工程质量监督机构的质量监督权限如下:

(1)对监理、设计、施工等单位的资质等级、经营范围进行核查,发现越级承包工程等不符合规定要求的,责成建设单位限期改正,并向水行政主管部门报告。

(2)质量监督人员需持"水利工程质量监督员证"进入施工现场执行质量监督。对工程有关部位进行检查,调阅建设、监理单位和施工单位的检测试验成果、检查记录和施工记录。

(3)对违反技术规程、规范、质量标准或设计文件的施工单位,通知建设、监理单位采取纠正措施。问题严重时,可向水行政主管部门提出整顿的建议。

(4)对使用未经检验或检验不合格的建筑材料、构配件及设备等,责成建设单位采取措施纠正。

(5)提请有关部门奖励先进质量管理单位及个人。

(6)提请有关部门或司法机关追究造成重大工程质量事故的单位和个人的行政、经济、刑事责任。

(三)水利工程质量检测的基本要求

工程质量检测是工程质量监督和质量检查的重要手段。水利工程质量检测是指水利工程质量检测单位对水利工程施工质量或用于水利工程建设的原材料、中间产品、金属结构、机电设备等进行的测量、检查、试验或度量,并将结果与规定要求进行比较以确定质量是否合格所进行的活动。有关水利工程质量检测的基本要求是:

1.检测资质

水利工程质量检测单位应依据有关规定设立,经过省级以上计量行政主管部门计量认证,并经省级以上水行政主管部门或流域机构批准,方可承担水利工程质量检测工作。

2.检测效力

水利部批准的水利工程质量检测单位出具的检测结果是水利工程质量的最终检测。流域机构或省级水行政主管部门应明确本流域,本辖区水利工程质量的最高检测单位。仲裁检测由最高检测单位或最终检测单位承担。

3.检测人员要求

水利工程质量检测人员应具备以下条件:经省级以上水行政主管部门或流域机

构指定的培训机构进行专业技术知识培训并取得结业证书;具有所检测内容的专业知识、能力;熟悉国家、水利行业的相关技术标准;具有省级以上水行政主管部门或流域机构颁发的“水利工程质量检测员证”岗位证书。

4.检测依据

水利工程质量检测的依据:法律、法规、规章的规定;国家标准、水利水电行业标准;工程承包合同认定的其他标准和文件;批准的设计文件,金属结构、机电设备安装等技术说明书;其他特定要求。

5.检测方法

水利工程质量检测的主要方法和抽样方式:国家、水利行业标准有规定的,从其规定;国家、水利行业标准没有规定的,由检测单位提出方案,委托方予以确认;仲裁检测,有国家、水利行业规定的,从其规定,没有规定的,按争议各方的共同约定进行。

6.委托检测

监督机构根据工作需要,可委托水利工程质量检测单位承担以下主要任务:核查受监督工程参建单位的实验室装备、人员资质、试验方法及成果等;根据需要对工程质量进行抽样检测,提出检测报告;参与工程质量事故分析和研究处理方案;质量监督机构委托的其他任务。

水利工程质量检测的成果是水利工程质量检测报告。检测单位对其出具的检测报告承担相应法律和经济责任。报告内容应客观、数据可靠、结论准确、签名齐全。如需补充或更正,应写明具体原因。

第五节　施工进度管理

一、施工进度计划的类型及作用

(一)施工进度计划的类型

施工进度计划按编制对象的大小和范围不同可分为施工总进度计划、单项工程施工进度计划、单位工程施工进度计划、分部工程施工进度计划和施工作业计划。下面只对常见的几种进度计划作一概述。

1.施工总进度计划

施工总进度计划是以整个水利水电枢纽工程为编制对象,拟定出其中各个单项工程和单位工程的施工顺序及建设进度,以及整个工程施工前的准备工作和完工后的结尾工作的项目与施工期限。因此,施工总进度计划属于轮廓性(或控制性)的进度计划,在施工过程中主要控制和协调各单项工程或单位工程的施工进度。

施工总进度计划的任务是:分析工程所在地区的自然条件、社会经济资源、影响施工质量与进度的关键因素，确定关键性工程的施工分期和施工程序，并协调安排其他工程的施工进度，使整个工程施工前后兼顾、互相衔接、均衡生产，从而最大限度地合理使用资金、劳动力、设备、材料，在保证工程质量和施工安全的前提下，按时或提前建成投产。

2.单项工程施工进度计划

单项工程进度计划是以枢纽工程中的主要工程项目（如大坝、水电站等单项工程）为编制对象，并将单项工程划分成单位工程或分部分项工程，拟定出其中各项目的施工顺序和建设进度以及相应的施工准备工作内容与施工期限。它以施工总进度计划为基础，要求进一步从施工程序、施工方法和技术供应等条件上，论证施工进度的合理性和可靠性，尽可能组织流水作业，并研究加快施工进度和降低工程成本的具体措施。反过来，又可根据单项工程进度计划对施工总进度计划进行局部微调或修正，并编制劳动力和各种物资的技术供应计划。

3.单位工程施工进度计划

单位工程进度计划是以单位工程（如土坝的基础工程、防渗体工程、坝体填筑工程等）为编制对象，拟定出其中各分部、分项工程的施工顺序、建设进度以及相应的施工准备工作内容和施工期限。它以单项工程进度计划为基础进行编制，属于实施性进度计划。

4.施工作业计划

施工作业计划是以某一施工作业过程（即分项工程）为编制对象，制定出该作业过程的施工起止日期以及相应的施工准备工作内容和施工期限。它是最具体的实施性进度计划。在施工过程中，为了加强计划管理工作，各施工作业班组都应在单位（单项）工程施工进度计划的要求下，编制出年度、季度或逐月（旬）的作业计划。

（二）施工进度计划的作用

施工进度计划具有以下作用：

1.控制工程的施工进度，使之按期或提前竣工，并交付使用或投入运转。

2.通过施工进度计划的安排，加强工程施工的计划性，使施工能均衡、连续、有节奏地进行。

3.从施工顺序和施工进度等组织措施上保证工程质量和施工安全。

4.合理使用建设资金、劳动力、材料和机械设备，达到多、快、好、省地进行工程建设的目的。

5.确定各施工时段所需的各类资源的数量，为施工准备提供依据。

6.施工进度计划是编制更细一层进度计划（如月、旬作业计划）的基础。

二、施工进度计划的编制方法

施工总进度计划是项目工期控制的指挥棒，是项目实施的依据和向导。编制施工总进度计划必须遵循相关的原则，并准备翔实可靠的原始资料，按照一定的方法去编制。

（一）施工总进度计划的编制原则

编制施工总进度计划应遵循以下原则：

认真贯彻执行国家的方针政策、国家法令法规、上级主管部门对本工程建设的指示和要求。

加强与施工组织设计及其他各专业的密切联系，统筹考虑，以关键性工程的施工分期和施工程序为主导，协调安排其他各单项工程的施工进度。同时，进行必要的多方案比较，从中选择最优方案。

在充分掌握及认真分析基本资料的基础上，尽可能采用先进的施工技术和设备，最大限度地组织均衡施工，力争全年施工，加快施工进度。同时，应做到实事求是，并留有余地，保证工程质量和施工安全。当施工情况发生变化时，要及时调整和落实施工总进度。充分重视和合理安排准备工程的施工进度。在主体工程开工前，相应各项准备工作应基本完成，为主体工程开工和顺利进行创造条件。

对高坝、大库容的工程，应研究分期建设或分期蓄水的可能性，尽可能减少第一批机组投产前的工程投资。

（二）施工总进度计划的编制方法

1.基本资料的收集和分析

在编制施工总进度计划之前和编制过程中，要收集和不断完善编制施工总进度所需的基本资料。这些基本资料主要有：

（1）上级主管部门对工程建设的指示和要求，有关工程的合同协议。如设计任务书，工程开工竣工、投产的顺序和日期，对施工承建方式和施工单位的意见，工程施工机械化程度、技术供应等方面的指示，国民经济各部门对施工期间防洪灌溉、航运、供水、过木等要求。

（2）设计文件和有关的法规、技术规范、标准。

（3）工程勘测和技术经济调查资料。如地形、水文、气象资料，工程地质与水文地质资料，当地建筑材料资料，工程所在地区和库区的工矿企业、矿产资源、水库淹没和移民安置等资料。

（4）工程规划设计和概预算方面的资料。如工程规划设计的文件和图纸、主管部门的投资分配和定额资料等。

（5）施工组织设计其他部分对施工进度的限制和要求。如施工场地情况、交通运输能力、资金到位情况、原材料及工程设备供应情况、劳动力供应情况、技术供应条件、施工导流与分期、施工方法与施工强度限制以及供水、供电、供风和通信情况等。

(6)施工单位施工技术与管理方面的资料，已建类似工程的经验及施工组织设计资料等。

(7)征地及移民搬迁安置情况。

(8)其他有关资料。如环境保护、文物保护和野生动物保护等。

收集了以上资料后，应着手对各部分资料进行分析和比较，找出控制进度的关键因素。尤其是施工导流与分期的划分，截流时段的确定，围堰挡水标准的拟定，大坝的施工程序及施工强度、加快施工进度的可能性，坝基开挖顺序及施工方法、基础处理方法和处理时间，各主要工程所采用的施工技术与施工方法、技术供应情况及各部分施工的衔接，现场布置、与劳动力设备、材料的供应与使用等。只有把这些基本情况搞清楚，并理顺它们之间的关系，才可能作出既符合客观实际又满足主管部门要求的施工总进度安排。

2.施工总进度计划的编制步骤

(1)划分并列出工程项目

总进度计划的项目划分不宜过细。列项时，应根据施工部署中分期、分批开工的顺序和相互关联的密切程度依次进行，防止漏项，突出每一个系统的主要工程项目，分别列入工程名称栏内。对于一些次要的零星项目，则可合并到其他项目中去。例如河床中的水利水电工程，若按扩大单项工程列项，可以有准备工作、导流工程、拦河坝工程、溢洪道工程、引水工程、电站厂房、升压变电站、水库清理工程结束工作等。

(2)计算工程量

工程量的计算一般应根据设计图纸、工程量计算规则及有关定额手册或资料进行。其数值的准确性直接关系到项目持续时间的误差，进而影响进度计划的准确性。当然，设计深度不同，工程量的计算(估算)精度也不一样。在有设计图的情况下，还要考虑工程性质、工程分期、施工顺序等因素，分别按土方、石方、混凝土、水上、水下、开挖、回填等不同情况，分别计算工程量。有时，为了分期、分层或分段组织施工的需要，应分别计算不同高程(如对大坝)、不同桩号(如对渠道)的工程量，作出累计曲线，以便分期、分段组织施工。计算工程量常采用列表的方式进行。工程量的计量单位要与使用的定额单位相吻合。

在没有设计图或设计图不全、不详时，可参照类似工程或通过概算指标估算工程量。

常用的定额资料有：

1)万元、10万元投资工程量、劳动量及材料消耗扩大指标。

2)概算指标和扩大结构定额。

3)标准设计和已建成的类似建筑物、构筑物的资料。

(3)计算各项目的施工持续时间

确定进度计划中各项工作的作业时间是计算项目计划工期的基础。在工作项目的实物工程量一定的情况下，工作持续时间与安排在工程上的设备水平、人员技术水平、人员与设备数量、效率等有关。在现阶段，工作项目持续时间的确定方法主要有下述几种。

1)按实物工程量和定额标准计算

根据计算出的实物工程量，应用相应的标准定额资料，就可以计算或估算各项目的施工持续时间t：

$$t = \frac{Q}{mnN}$$

式中：

Q——项目的实物工程量；

m——日工作班制，m=1、2、3；

n——每班工作的人数或机械设备台数；

N——人工或机械台班产量定额(用概算定额或扩大指标)。

2)套用工期定额法

对于，总进度计划中大“工序”的持续时间，通常采用国家制定的各类工程工期定额，并根据具体情况进行适当调整或修改。

3)三时估计法

有些工作任务没有确定的实物工程量，或不能用实物工程量来计算工时，也没有颁布的工期定额可套用，例如试验性工作或采用新工艺、新技术、新结构、新材料的工程。此时，可采用“三时估计法”计算该项目的施工持续时间t：

$$t = \frac{t_n + 4t_m + t_b}{6}$$

式中：

t_a——最乐观的估计时间，即最紧凑的估计时间；

t_b——最悲观的估计时间，即最松动的估计时间；

t_m——最可能的估计时间。

(4)分析确定项目之间的逻辑关系

项目之间的逻辑关系取决于工程项目的性质和轻重缓急施工组织、施工技术等许多因素，概括说来分为两大类。

工艺关系，即由施工工艺决定的施工顺序关系。在作业内容、施工技术方案确定的情况下，这种工作逻辑关系是确定的，不得随意更改。如一般土建工程项目，应按照先地下后地上、先基础后结构、先土建后安装再调试、先主体后围护(或装饰)的原则安排施工顺序。现浇柱子的工艺顺序为:扎柱筋→支柱模→浇筑混凝土→养护和拆模。土坝坝面作业的工艺顺序为:铺土→平土→晾晒或洒水→压实→刨毛。它们在施工工艺上,都有必须遵循的逻辑顺序,违反这种顺序将付出额外的代价甚至造成巨大损失。

组织关系,即由施工组织安排决定的施工顺序关系。如工艺上没有明确规定先后顺序关系的工作,由于考虑到其他因素(如工期、质量、安全、资源限制、场地限制等)的影响而人为安排的施工顺序关系,均属此类。例如,由导流方案所形成的导流程序,决定了各控制环节所控制的工程项目,从而也就决定了这些项目的衔接顺序。再如,采用全段围堰隧洞导流的导流方案时,通常要求在截流以前完成隧洞施工、围堰进占、库区清理、截流备料等工作,由此形成了相应的衔接关系。又如,由于劳动力的调配、施工机械的转移、建筑材料的供应和分配、机电设备进场等原因,安排一些项目在先,另一些项目滞后,均属组织关系所决定的顺序关系。由组织关系所决定的衔接顺序,一般是可以改变的。只要改变相应的组织安排,有关项目的衔接顺序就会发生相应的变化。

项目之间的逻辑关系,是科学地安排施工进度的基础,应逐项研究,仔细确定。

(5)初拟施工总进度计划

通过对项目之间进行逻辑关系分析,掌握工程进度的特点,理清工程进度的脉络之后,就可以初步拟订出一个施工进度方案。在初拟进度时,一定要抓住关键,分清主次,理清关系,互相配合,合理安排。要特别注意把与洪水有关,受季节性限制较严施工技术比较复杂的控制性,工程的施工进度安排好。

对于堤坝式水利水电枢纽工程,其关键项目一般位于河床,故施工总进度的安排应以导流程序为主要线索。先将施工导流、围堰截流基坑排水、坝基开挖、基础处理施工度汛坝体拦洪、下闸蓄水、机组安装和引水发电等关键性控制进度安排好,其中应包括相应的准备、结束工作和配套辅助工程的进度。这样,构成的总的轮廓进度即进度计划的骨架。然后,再配合安排不受水文条件控制的其他工程项目,形成整个枢纽工程的施工总进度计划草案。

需要注意的是,在初拟控制性进度计划时,对于围堰截流、拦洪度汛、蓄水发电等这样一些关键项目,一定要进行充分论证,并落实相关措施。否则,如果延误了截流时机,影响了发电计划,对工期的影响和造成国民经济的损失往往是非常巨大的。

对于引水式水利水电工程,有时引水建筑物的施工期限成为控制总进度的关键,此时总进度计划应以引水建筑物为主来进行安排,其他项目的施工进度要与之相适应。

(6)调整和优化

初拟进度计划形成以后,要配合施工组织设计其他部分的分析,对一些控制环节、关键项目的施工强度、资源需用量、投资过程等重大问题进行分析计算。若发现主要工程的施工强度过大或施工强度很不均衡（此时也必然引起资源使用的不均衡）时，就应进行调整和优化，使新的计划更加完善，更加切实可行。

必须强调的是，施工进度的调整和优化往往要反复进行，工作量大而枯燥。现阶段已普遍采用优化程序进行电算。

（7）编制正式施工总进度计划

经过调整优化后的施工进度计划，可以作为设计成果整理以后提交审核。施工进度计划的成果可以用横道进度表（又称横道图或甘特图）的形式表示，也可以用网络图（包括时标网络图）的形式表示。此外，还应提交有关主要工种工程施工强度、主要资源需用强度和投资费用动态过程等方面的成果。

（三）网络计划的优化

编制网络进度计划时，先编制成一个初始方案，然后检查计划是否满足工期控制要求，是否满足人力、物力、财力等资源控制条件，以及能否以最小的消耗取得最大的经济效益。这就要对初始方案进行优化调整。

网络计划优化，就是在满足既定的约束条件下，按某一目标，通过不断调整寻求最优网络计划方案的过程，包括工期优化、费用优化和资源优化。

1.工期优化

网络计划的计算工期与计划工期若相差太大，为了满足计划工期，则需要对计算工期进行调整：当计划工期大于计算工期时，应放缓关键线路上各项目的延续时间，以减少资源消耗强度；当计划工期小于计算工期时，应紧缩关键线路上各项目的延续时间。

工期优化的步骤如下：

（1）找出网络计划中的关键工作和关键线路（如采用标号法），并计算工期。

（2）按计划工期计算应压缩的时间ΔT。

（3）选择被压缩的关键工作，在确定优先压缩的关键工作时，应考虑以下几个因素：

1）缩短工作持续时间后，对质量和安全影响不大的关键工作。

2）有充足资源的关键工作。

3）缩短工作的持续时间所需增加的费用最少。

（4）将优先压缩的关键工作压缩到最短的工作持续时间，并找出关键线路和计算出网络计划的工期；如果被压缩的工作变成了非关键工作，则应将其工作持续时间延长，使之仍然是关键工作。

（5）若已达到工期要求，则优化完成。若计算工期仍超过计划工期，则按上述步骤依次压缩其他关键工作，直到满足工期要求或工期已不能再压缩为止。

(6)当所有关键工作的工作持续时间均已经达到最短工期仍不能满足要求时,应对计划的技术、组织方案进行调整,或对计划工期重新审定。

2.费用优化

费用优化又称工期成本优化,是指寻求工程费用最低时对应的总工期,或按要求工期寻求成本最低的计划安排过程。

工程总费用由直接费和间接费组成。直接费由人工费、材料费、机械费、措施费等组成。直接费一般与工作时间成反比关系,即增加直接费,如采用技术先进的设备、增加设备和人员、提高材料质量等都能缩短工作时间;相反,减少直接费,则会使工作时间延长。间接费包括与工程相关的管理费、占用资金应付的利息,机动车辆费等。间接费一般与工作时间成正比,即工期越长,间接费越高;工期越短,间接费越低。

对于一个施工项目而言,工期的长短与该项目的工程量、施工方案条件有关,并取决于关键线路上各项作业时间之和,关键线路又由许多持续时间和费用各不相同的作业组成。当缩短工期到某一极限时,无论费用增加多少,工期都不能再缩短,这个极限对应的时间称为强化工期,强化工期对应的费用称为极限费用,此时的费用最高。反之,若延长工期,则直接费减少,但将时间延长至某一极限时,无论怎样增加工期,直接费都不会减少,此时的极限对应的时间叫作正常工期,对应的费用叫作正常费用。将正常工期对应的费用和强化工期对应的费用连成一条曲线,称为费用曲线或ATC曲线。在中ATC曲线为一直线,这样单位时间内费用的变化就是一常数,把这条直线的斜率(即缩短单位时间所需的直接费)称为直接费率。不同作业的费率是不同的,费率越大,意味着作业时间缩短一天,所增加的费用越大,或作业时间增加一天,所减少的费用越多。

第六节 施工安全管理

一、施工安全因素

水利工程不仅在水资源的调节和分配上有着举足轻重的地位,也在抗洪抢险中发挥了非常重要的作用,因此,我国社会各界人士对于水利工程都非常关注。多发的工程安全事故紧牵着人们的心,如何降低水利施工中的危险因素,保障施工安全,就成为大家共同思考的问题。我们应对其中的影响因素进行分析,并探索解决安全隐患的有效措施。

在水利工程中,很多因素都会给水利工程中埋下安全隐患,导致水利施工中产生,引发事故的“导火索”。

1.内部因素

在水利工程施工中，内在因素是埋下安全隐患的重要因素，相对于外部因素来说，内部因素比较好控制，只要重视了施工中存在的问题并对其进行合理地改善，就能够将这些危险因素降低在合理的范围之内。这些内部因素主要包括内部管理体系、施工人员的专业技术等。当前，部分水利工程施工企业虽然建立了内部管理体系，但是这些体系并没有实现对施工过程的优化，也没有根据时代的发展不断进行更新，从而使其无法适应水利工程建设的发展。还有部分施工人员专业素质不高，操作过程中没有严格按照施工规范来进行施工，有可能在某个环节中埋下安全隐患，对整个水利工程的质量和安全产生威胁。

2.外部因素

外部因素对于水利工程施工安全的影响比较大，并且难以进行控制，产生的后果比较明显。外在因素主要包括自然较大的能量，因此在保护电源装置，需要在电源的入口处设置浪涌保护装置，此装置可以有效地减少电击能量导致的破坏，也可以使用低通滤波器将高频的分量进行过滤。

只有保证变电站接地装置本身具有良好的导流性能，才能在遭遇雷击之后，可以将电流顺利的导入到地下，在变电站中，接地装置适用于多种不同电压的配送网络，可以为变电站电力设备的运行提供基础保障，防止大面积停电事故的产生，减少其对社会经济发展，以及群众正常生活的影响。

在进行防雷保护工作时，其主要内容便是对避雷器的雷击电流值以及电流波进行限制。在变电站运行的过程中，需要明确的是一旦线路中出现过电压，那么线路中便一定的产生电波，这种波会随着导线继续前行。线路的冲击耐压高于设备的耐压值，所以在变电站的进线上，遭受雷击时，由电击产生的电流值会超过标准值，如果没有使用避雷线路，那么在接近变电站的一端会出现损坏的现象，从而无法有效保护变电站，起不到进线防护作用。110kV降压变电站的防雷工作中，需要对变压器进行一定的保护，使用变压器安全避雷器，有效对线路中的雷电波进行防治，保证变电站运行的平稳性以及安全性。

在施工过程中，水利水电工程施工人员掌握一些安全技能，对于项目施工管理会带来很大的帮助，对施工安全效益也有着直接的影响。但是有些施工单位，在对施工人员缺乏足够的安全技能培训，导致施工人员缺少最基本的安全素质，这对安全管理工作带来很多的困难。施工人员也不能够尽职尽责的完成自己的安全工作，对于施工效率也造成不可估量的影响。

一般情况下，水利水电工程施工过程时间比较长，施工的难度也非常高，并且一些施工环境也比较恶劣，长期下来施工单位对于施工安全的监管力度下降。另外一个问题就是监管队伍中，有些监管人员缺乏安全意识，对施工过程中存在的问题不能够及时的发现与阻止，无法将安全问题落实到位，这些就导致施工过程中存在很大的施工安全隐患，成为施工安全管理路上的拦路虎。

由于施工人员都是以外出打工的农民工为主，他们在临时招募过来以后，缺少相应的安全技能及施工经验。施工单位应该注重岗前的对施工人员开展安全培训课程，向他们传授相关的安全施工技能，引导他们树立安全施工的意识。

施工单位首先要将施工安全放在第一位，始终坚持安全第一的原则。施工单位管理人员要将施工安全监督工作落实到具体的人，并把施工安全列入绩效考核中去，使施工安全作为施工过程中的重中之重，要持续不断的提高各项目管理负责人的安全管理意识，明确一旦出现安全问题要严肃追查。借助这种方式，刺激安全管理人员的安全管理意识，并提高他们对安全问题的重视程度。

对于一些关键的施工工序及危险工序，施工单位要做好安全检查工作，建立健全安全检查制度，必要时安排专人专岗进行盯岗监督，确保真正的施工安全。同时，为全面、有效地把控水利水电工程施工安全，施工单位要将每一道施工工艺做到标准化管理，明确每一道施工环节的施工步骤及注意事项。在施工时，要求每一位施工人员必须按照施工标准施工，这样可以有效地避免施工过程中，盲目施工带来的质量隐患及安全事故发生，确保水利水电工程建设的质量与安全。

水利水电工程施工现场是最容易出现安全事故的场所，也是安全管理工作的最终落脚点，所以安全管理工作要将施工现场作为最主要的工作对象。首先，施工单位要保证具有完善的现场作业管理制度，要求每一位施工人员必须遵守，并设有专业的安全监督人员负责监管具体的实施情况，如果发现有违纪的情况发生，要进行及时的制止，并进行严肃的调查；其次，杜绝出现无证上岗的情况，施工人员必须经过专门岗前教育，并获取上岗证方可持证上岗，对于一些岗位，非专业的人员禁止施工。例如，非电气专业人员不要接触及维护施工工地的一些电器设备等；最后，由于水利水电工程施工牵扯的施工范围比较大，施工人员完成一天的工作后，要仔细清理工作现场，经过施工安全管理人员验收合格以后，施工人员才能离开施工现场，这样可以有效避免留下施工安全隐患。

二、安全管理体系

坚持“安全第一、预防为主、综合治理”的安全方针，坚定不移地全面推行项目法管理，建立施工现场整套完整的安全保证体系，安全、高效、优质地建成本工程，构建和谐项目，打造精品工程。

伤亡事故控制目标：杜绝死亡、重伤事故，轻伤负伤频率不大于5‰，杜绝重大设备、火灾、交通事故。全员教育控制目标：全员教育率100%，管理人员、特种作业人员培训、考核、持证上岗率为100%。对安全管理目标责任层层分解到岗位员工，安全责任落实到人。依据公司的目标责任考核办法，结合项目的实际情况及安全管理目标的具体内容，以评分表的形式按责任分解每月进行考核，奖优罚劣。

项目经理是工程项目施工的安全第一责任人，实行“管生产必须管安全”的原则，对工程施工安全负有全面领导责任。负责建立健全项目部安全组织机构网络，设立安全技术部并配备专职安全员，旨在加大安全管理力度。建立项目工地安全生产管理各项规章制度，完善安全生产管理基础工作资料，形成强有力的安全生产保证体系。

认真贯彻执行国家有关安全生产、劳动保护的法律法规，建立健全以安全生产责任制为中心的各项安全管理制度，是保障安全生产的重要措施。加强施工规范化管理，开展安全宣传教育，严格执行安全技术方案。具体制度如下。

1. 安全生产责任制度

坚持“管生产必须管安全”“安全生产人人有责”的原则，明确项目部各级领导，各职能部门和各类人员在施工生产活动中应负的安全责任。项目经理为工程项目部安全生产第一责任人，负责组织本单位安全生产，并与各专业施工队签订“安全生产责任书”，明确各自安全职责，建立健全项目部安全组织管理机构，完善安全生产管理基础工作资料，形成有力的安全生产保证体系。工程项目部设置安技部配备专职安全员，各专业施工队与作业班组设立兼职安全员，做到分工明确，责任到人，严格考核。

项目部管理者安全管理坚持“五到位”，即健全机构到位、批阅安全文件到位、深入现场到位、检查到位、处理问题到位。并实行“四全”安全管理。施工现场的各种安全防护设施和劳动保护器具，必须定期进行检查和维护，及时消除隐患，保证其安全有效。

2. 安全生产教育培训制度

对新入场的人员必须经“三级”教育合格后，方可安排上岗。杜绝用工私招乱雇不良行为。员工变换工种，项目部应先进行操作技能及安全操作知识的培训，考核合格后，方可上岗操作，进行教育和考核应有记录材料。项目部安技科每月召开一次安全例会，并组织学习有关技术规范和安全技术操作规程，结合工程施工中存在的安全问题，重点对员工进行教育和宣传。作业班组做到每天班前5min安全讲话，进行施工要求，作业环境的安全交底。

3. 安全检查及隐患整改制度

每半月组织有关部门人员开展一次安全检查，各作业班组实施日常自查。施工现场设置安全宣传标语牌，机械作业场所悬挂安全技术操作规程牌，危险作业区要悬挂安全警示牌。项目部安全检查，督促落实整改，并做到谁检查谁复验，以达到消除隐患保证施工顺利进行。

土方开挖前应认真学习和审查图纸，查勘施工现场，平整施工场地及清除地面和地上障碍物。土方开挖应遵循自上而下分层开挖原则，严禁逆向、逆坡开挖或先挖坡脚等危险作业施工。全面做好施工场地排水降水工作。场地规划、平整，保证施工场地排水通畅不积水，场地周围设置必要的截水沟、排水沟，地下水控制工作应持续到基础工程施工完毕，直至回填后才能停止。基坑开挖时，操作人员之间要保持在2.5 m以上安全距离。多台机械开挖，挖土机械之间应保证在10 m以上安全距离。机械多台同时开挖时，应验算边坡的稳定，根据规定和验算结果确定挖土机械离边坡的安全距离，以防造成坍方、翻机事故。机械操作时，严禁在机械下方和在机械回旋半径内站人。斜坡地段挖方宜从上而下，分层分段依次进行，要根据工程地质和土坡高度，结合当地同类土体的稳定坡度值先确定土坡的开挖坡度，并随时做成一定的坡势以利泄水。在斜坡上方弃土时，应保证挖方边坡的稳定弃土堆应连续设置，其顶面应向外倾斜，以防止坡水流入挖方场地。运土道路的坡度，转弯半径要符合有关安全规定。

模板工程施工前，应按照工程结构形式、现场作业条件及混凝土的浇筑工艺制定相应的模板施工方案。模板工程施工前，按规范要求必须进行模板支架设计。模板支撑系统的构造应符合扣件式钢管脚手架搭设规范要求。为保持支模系统的稳定，应在支架的两端和中间部分与工程结构进行连接。模板安装时人员必须站在操作平台或脚手架上作业，禁止站在模板、支撑、脚手杆上、钢筋骨架上作业。混凝土施工时，应按施工荷载规定严格控制模板上的堆料及设备。模板拆除工作必须经工程负责人批准和签字及对混凝土的强度报告试验单确认后进行。模板拆除顺序应按方案的规定顺序进行。当无规定时，应按照先支的后拆和先拆非承重板后拆承重模板的顺序。

结　语

水利工程建设是为解决缺水问题而修建的灌排工程，它有大中型项目和小型项目之分。而水利工程建设管理是大部分由国家投资，由项目法人对水利工程项目建设全过程进行的一项管理。它包括了建设方面的合同管理，质量管理，信息管理等工作。水利工程建设项目管理实行的是统一管理，分级管理和目标管理，因此水利工程建设管理又是一项程序严格，管理执行精确的工作。

水利工程设计通常是在编制工程可行性研究或工程初步设计时进行的。在编制这些设计的时候，对项目在流域或地区中的地位、作用和其主要工程的有关参数等进行详细的分析，除了围绕上述任务要求落实所涉及的技术问题外，要重点研究以往遗留的某些专门性课题，进一步协调好有关方面的关系并全面分析论证建设项目在近期兴办的迫切性与现实性，以便作为工程设计的基础，并为工程的最终决策提供依据。

水利工程建设与管理作为城镇化建设过程中的重要组成部分，对于国民经济有效增长以及社会秩序的稳定都具有至关重要的影响。在具体建设的过程中，相关单位要充分考虑到各方主体的利益关系，通过不同主体矛盾的解决，进一步的明确水利工程管理的创新发展方向。因此，在强化质量管理体系建设水平的同时，推动我国水利工程建设事业的逐渐强大。

参考文献

[1]水利建设管理与工程设计研究[M].天津:天津科学技术出版社.2018.

[2]王海雷,王力,李忠才主编.水利工程管理与施工技术[M].北京:九州出版社.2018.

[3]许建贵,胡东亚,郭慧娟.水利工程生态环境效应研究[M].黄河水利出版社.2019.

[4]高占祥著.水利水电工程施工项目管理[M].南昌:江西科学技术出版社.2018.

[5]李京文等著.水利工程管理发展战略[M].北京:方志出版社.2016.

[6]袁俊周,郭磊,王春艳编著.水利水电工程与管理研究[M].郑州:黄河水利出版社.2019.

[7]沈凤生主编.节水供水重大水利工程规划设计技术[M].郑州:黄河水利出版社.2018.

[8]何俊,张海娥,李学明,陈方葵主编;黄亚梅,刘建芬,吴杉,曾瑜,蒋买勇副主编;柯智平,邓伟主审.全国水利行业规划教材水利工程造价[M].郑州:黄河水利出版社.2016.

[9]韩世亮.水利工程施工设计优化研究[M].长春:吉林科学技术出版社.2021.

[10]孙祥鹏,廖华春.大型水利工程建设项目管理系统研究与实践[M].郑州:黄河水利出版社.2019.

[11]周凤华主编著.城市生态水利工程规划设计与实践[M].郑州:黄河水利出版社.2015.

[12]张毅编著.工程项目建设程序第2版[M].中国建筑工业出版社d2018.04.2018.

[13]刘勤主编.建筑工程施工组织与管理[M].阳光出版社.2018.

[14]马乐,沈建平,冯成志.水利经济与路桥项目投资研究[M].郑州:黄河水利出版社.2019.

[15]耿敬,李明伟,张洋等著.水利枢纽建设三维动态可视化管理[M].哈尔滨:哈尔滨工程大学出版社.2017.

[16]曾光宇,王鸿武主编.水利水安全与经济建设保障[M].昆明:云南大学出版

社.2017.

[17]郝远新，郭军著.水利工程投资研究[M].兰州：甘肃人民出版社.2009.

[18]刘志强，季耀波，孟健婷，叶成恒编.水利水电建设项目环境保护与水土保持管理[M].昆明：云南大学出版社.2020.

[19]张立中主编.水利水电工程造价管理[M].北京：中央广播电视大学出版社.2014.

[20]张成才，杨东主编；常静，勒记平，郑涛，赵永昌，陈晓年副主编.3S技术及其在水利工程施工与管理中的应用[M].武汉：武汉大学出版社.2014.

[21]英鹏程，姚天宇主编.工程项目管理双色版[M].上海：上海交通大学出版社.2016.

[22]吴秋菊.农田水利的治理困境与出路[M].武汉：华中科技大学出版社.2017.

[23]刘彦，马月林著.水利建设与管理研究[M].太原：山西人民出版社.2008.

[24]刘磊著.土木工程概论[M].成都：电子科技大学出版社.2016.

[25]贾艳霞，樊振华，赵洪志.水工建筑物设计与水利工程管理[M].北京：中国石化出版社.2019.

[26]夏祖伟，王俊，油俊巧主编.水利工程设计[M].长春：吉林科学技术出版社.2020.

[27]沈文兰，李建国著.水利水电工程电气一次设计问答[M].郑州：黄河水利出版社.2015.

[28]翁永红，陈尚法著.水利水电工程三维可视化设计[M].武汉：长江出版社.2014.

[29]钱肖萍，郭红著.水利水电工程施工工厂设计实例[M].郑州：黄河水利出版社.2012.

[30]刘焕永，席景华，刘映泉，刘平安，代磊作.水利水电工程移民安置规划与设计[M].北京：中国水利水电出版社.2021.